U0179791

伊犁师范大学研究生教改项目
"数字教育背景下新疆高校研究生课程建设资源与实践"（YS2023YG09）成果

伊犁师范大学"课程与教学论"重点学科经费资助

Application of
the Theory of Mapping Knowledge Domain

in Educational and Psychological Research

郭文斌·著

知识图谱理论
在教育与心理研究中
的应用

（第二版）

ZHEJIANG UNIVERSITY PRESS
浙江大学出版社
·杭州·

图书在版编目(CIP)数据

知识图谱理论在教育与心理研究中的应用 / 郭文斌
著. —2版.—杭州:浙江大学出版社,2023.10
ISBN 978-7-308-24256-1

Ⅰ.①知… Ⅱ.①郭… Ⅲ.①知识信息处理—研究
Ⅳ.①TP391

中国国家版本馆 CIP 数据核字(2023)第 185352 号

知识图谱理论在教育与心理研究中的应用(第二版)

ZHISHI TUPU LILUN ZAI JIAOYU YU XINLI YANJIU ZHONG DE
YINGYONG (DIERBAN)

郭文斌 著

责任编辑	吴伟伟 weiweiwu@zju.edu.cn
文字编辑	梅 雪
责任校对	陈逸行
封面设计	雷建军
出版发行	浙江大学出版社
	(杭州市天目山路 148 号 邮政编码 310007)
	(网址:http://www.zjupress.com)
排 版	浙江大千时代文化传媒有限公司
印 刷	杭州钱江彩色印务有限公司
开 本	710mm×1000mm 1/16
印 张	10.25
字 数	163 千
版 印 次	2023 年 10 月第 2 版 2023 年 10 月第 1 次印刷
书 号	ISBN 978-7-308-24256-1
定 价	68.00 元

序

人类在长期的实践过程中,不仅积累了丰富的知识,还通过概念、判断、推理、假说、预见等思维形式形成了系统的学科知识。古人云"学成于集,新故相资而新其故",我们的祖先很早就认识到有效的学习和探究既得益于对前人知识的继承,也得益于对以往知识的推陈出新。

科学革命理念的倡导者库恩(T. S. Kuhn)认为,在不同的历史时期,科学有不同的发展模式,研究者需要采用收敛式的思维或教条性的思维来维持知识的传承和发展的稳定,更需要采用发散性思维或批判性思维来打破过时的范式而另辟蹊径。在中国的成语字典中,"按图索骥"原本是用来讥讽那些食古不化、拘泥成法,只会按照图样去寻找好马的人。但是,随着全球信息化、数字化、网络化时代的到来,海量电子文献不断涌现,采用计算机信息处理的方法来编制知识图谱成为一种现代科学研究中值得提倡的理论和方法。这是因为它不仅可以帮助我们从浩如烟海的文献中清晰地看出现代学科知识体系是如何相互交叉、相互渗透和相互启迪的,还能帮助我们探究某一学科内在的规律和发展趋势。

在科学研究中,"理解"和"表达"原本也是矛盾的对立的统一。人们一方面可以借助知识图谱的编制来呈现和凸显学科发展的轨迹,另一方面也可以通过对知识图谱的分析来预测学科的发展方向。作为一种伴随计算机技术发展起来的文献研究理论和方法,知识图谱本身也是多学科相互影响的产物,它受到地图学、认知地图、学科地图的启示。例如,伴随现代信息技术的发展,如地理信息系统(GIS)、遥感(RS)和全球定位系统(GPS),现代地图学已成为技术性很强、理论体系相对成熟的学科;从格式塔心理学家托尔曼在"迷宫实验"基础上最早提出的认知地图,到发生认识论的发展心理学家的认知结构理论,再发展到受现代认知神经学科影响的"意念地图"(mental map)、"概念地图"(concept map)和"学科地图"(map of disciplines),同样也经历了不同的发展阶段。相比而言,尝试采用知识图谱的理论和方法对我国教育问题——包括普通教育和特殊教育——开展的文献研究还是刚刚开始,因此,联系教育实践,比较系统地介绍知识图谱的理论和方法的著作更显得弥足珍贵。

　　郭文斌是我博导生涯中所指导的23名博士研究生中的关门弟子,也是我认为最努力、最勤奋好学的研究生之一。据我所知,近些年来,郭文斌一直致力于知识图谱的研究,早在攻读博士学位期间,就发表了数篇用知识图谱的理论和方法来研究心理和特殊教育学领域问题的论文,也曾被邀到一些师范院校进行讲学和示范。因此,当我看到这本书稿时,虽不感到意外,但还是为他的潜心研究和孜孜不倦而感动,颇有"士别三日,当刮目相待"之感。

　　该书作为《教育研究方法》一书的姊妹篇,用六章的篇幅,系统地阐述了知识图谱理论在教育研究中应用的原理与方法,介绍了分析和绘制知识图谱的相关软件,呈现知识图谱研究的操作过程和研究示范。正如前言中所指出的,全书既保持了《教育研究方法》撰写的主要原则,也凸显了知识图谱研究的新意和多学科协调研究的特点。诚然,由于我国教育研究的信息化、数据化还处于发展的初级阶段,还有许多著作和论文没有被列入电子文献,这使运用知识图谱来定量化地处理文献、研究宏观和中观的教育问题还受到某些限制。但是,随着我国教育研究信息化、数据化程度的提高,我相信,知识图谱作为一种现代学科的研究原理和方法,将会越来越展示出研究的效能和诱人的前景。

　　阅后有感,姑且为序。

华东师范大学终身教授　方俊明

2014 年 12 月 6 日

再版前言

本书第一版出版之后,在实际使用中获得了超出预期的较好反响,不断有全国各地的朋友联系我购买本书。同时,各地的朋友也盛情邀请我去他们那里进行知识图谱文献可视化的讲座和培训,这也助推了本书的销量。我也将本书内容嵌套于研究生"教育研究方法"课程讲授中。学生学习该部分内容后,投递稿件获得刊出之际,开心地向我写信和发送信息报喜和道谢的情景不仅令我记忆犹新,而且更让我为此部分内容能为学生带来实际的收获而甚感欣慰。鉴于很多朋友反馈本书在网上很难购买到,为了满足自己教学的需求以及各位朋友的需求,我对本书进行了再次修订和出版。

本书修订中,遵循了前版撰写的四个具体原则:

第一,为了保持内容的前沿性和准确性,在文献选取上,大量引用了最近五年,尤其是本研究团队在权威刊物发表的论文和有代表性的书籍。

第二,为了便于读者阅读,在相应章节增加了延伸阅读,通过延伸阅读,将一些有关的概念、材料、操作示范等内容呈现给读者,供拓展阅读使用。

第三,为了促进读者更好地掌握理论介绍的内容,书中提供应用举例供读者进一步将理论和应用结合起来进行体会领悟。

第四,为了使修订版内容更加实用,切合读者的需求,笔者结合近几年实际教学和自身使用情况,对撰写的内容进行了取舍。

本书保持了前版搭建的总体框架:先介绍主要内容,再以具体例子来巩固已有的内容。为了更好地使学习者深入学习相关内容,在每章具体内容部分还不时插入延伸阅读材料,供有需要的学习者根据自身学习需求灵活阅读使用。

本版保持了前版六章内容对知识图谱理论在教育研究中的应用进行初步论述和示范展示的逻辑:第一章,通过知识图谱的概念及发展历程、知识图谱的原理及特征、知识图谱在教育研究中应用的意义三个方面对知识图谱进行了概述;第二章,主要介绍了引文分析法、共被引分析法、多元统计分析法、词频分析法、社会网络分析法五种具体方法的含义、使用步骤、对其的评价和展望;第三章,重点介绍 CiteSpace、BICOMB和 HistCite 三种知识图谱应用软件的操作原理、运行环境以及操作步骤;第四章,较为详细地介绍了两种常用绘制知识图谱文献库——Web of Science 文献库和 CNKI 文献库——的文献查阅和保存技巧;第五章,通过展示 CiteSpace、BICOMB 和 SPSS 结合绘制知识图谱的详细操作步骤以及操作示意图,来详细呈现其使用的具体过程;第六章,通过知识图谱论文的构成以及知识图谱论文示例来具体说明如何撰写知识图谱论文。

在本书的修订过程中,我的陕西师范大学教育学硕士刘邦丽、温德艳,伊犁师范大学教育学硕士洪刘生同学对书稿的修订做了许多实际工作;伊犁师范大学各部门领导,尤其是教育科学学院的各位领导和同仁对我进行了鼓励和支持;陕西师范大学教育学院的领导和同事也对我进行了鼓励和支持;浙江大学出版社的吴伟伟编辑为本书的顺利出版付出了辛勤的劳动;我的父母虽然已过八十高龄,但是依然尽量减少对我的打扰,为我全身心处理书稿留下了大量时间;我的爱人和女儿也在生活中为我排忧解难,即便女儿去北京读书时,也尽量让我花最少的时间去送行,使我能够全身心地投入对书稿的修订。除此之外,还有其他更多朋友的支持,纸短情长,在此不再一一提及,仅表示衷心的感谢!

本修订版虽然较前版进行了内容的更新和完善,但由于笔者能力所限,加之用于修订的时间依然较为仓促,修订版中错误和疏漏在所难免,恳请大家批评指正。

郭文斌

2022 年 9 月 12 日于伊宁静心斋

前　　言

　　笔者自 1994 年参加工作以来,一直从事科研和教学工作。随着全球数字化时代的到来,海量电子文献不断涌现。如何在这样的时代背景下,对海量信息进行更为高效、客观的处理,快速选择出自己需要领域的有效信息,成为长期困扰笔者的难题。借着 2009 年笔者承担学校研究生精品课程"教育研究方法"的契机,笔者进行了大量文献的筛选和查找,终于接触到了科学计量方法,通过科学网联系到了陈超美教授和崔雷教授,向他们请教了知识图谱方面的事项,得到了他们的指点。在他们的鼓励和指点下,笔者开始尝试写作并发表了几篇以知识图谱为主题的文章,获得了很好的反响。后应邀到陕西师范大学、西北师范大学、衡水学院、新疆教育学院、赣南师范大学等高校进行讲学和示范。为了更好地对知识图谱方法进行梳理,以更好地驾驭它,也为了给授课的学生带来更多关于知识图谱方面的内容,笔者斗胆尝试着撰写了本书。

　　本书作为《教育研究方法》(科学出版社 2012 年版)的姊妹篇,是对其第九章第四节中的"内容分析法新走向"内容的进一步延展,因此在撰写过程中,保持了《教育研究方法》撰写的几个原则:

　　第一,为了保持内容的前沿性和准确性,在文献选取上,大量引用了最近五年在权威刊物发表的论文和有代表性的著作。

　　第二,为了便于读者阅读,在相应章节增加了延伸阅读,通过延伸阅读,将一些有关的概念、材料、操作示范等内容呈现给读者,供拓展阅读使用。

第三,为了促进读者更好地掌握理论介绍的内容,书中提供应用举例供读者进一步将理论和应用结合起来进行体会领悟。

第四,为了使本书内容更加实用,切合读者的需求,笔者结合近几年实际教学和自身使用情况对撰写的内容进行了取舍。

本书搭建的总体框架是:先介绍主要内容,再以具体例子来巩固已有的内容。为了更好地使学习者深入学习相关内容,在每章具体内容部分还不时插入延伸阅读材料,供有需要的学习者根据自身学习需求灵活阅读使用。

本书共以六章内容对知识图谱理论在教育研究中的应用进行了初步的论述和示范展示:第一章,通过知识图谱的概念及发展历程、知识图谱的原理及特征、知识图谱在教育研究中应用的意义三个方面对知识图谱进行了概述;第二章,主要介绍了引文分析法、共被引分析法、多元统计分析法、词频分析法、社会网络分析法五种具体方法的含义、使用步骤、对其的评价和展望;第三章,重点介绍 CiteSpace、BICOMB 和 HistCite 三种知识图谱应用软件的操作原理、运行环境以及操作步骤;第四章,较为详细地介绍了两种常用绘制知识图谱文献库——Web of Science 文献库和 CNKI 文献库——的文献查阅和保存技巧;第五章,通过展示 CiteSpace、BICOMB和SPSS 结合绘制知识图谱的详细操作步骤以及操作示意图,来详细呈现其使用的具体过程;第六章,通过知识图谱论文的构成以及知识图谱论文示例具体说明如何撰写知识图谱论文。

在本书的撰写过程中,美国德雷赛尔大学信息科学与技术学院陈超美教授、中国医科大学医学信息学系崔雷教授、上海交通大学图书馆熊海强教授提供了很多有用的资料;我的硕士生导师彭德华教授、博士生导师方俊明教授都在我撰写书稿期间给予了我热情的鼓励、殷切的期望和可行的建议,方俊明教授还特意为本书作序,尤其令我感动;温州大学教师教育学院的各位领导和同事给予了我精神和物质方面的大力支持;浙江大学出版社的吴伟伟编辑为本书的顺利出版付出了辛勤的劳动;我远方父母的报喜不报忧,爱人和女儿悉心帮助我打理生活中的点点滴滴,都是为了支持我全身心投入书稿的撰写。在此一并表示衷心的感谢!

　　本书虽然在撰写中借鉴和参考了大量的文献资料，但由于笔者能力有限，加之时间较为仓促，书中错误和疏漏在所难免，恳请大家批评指正。

郭文斌

2015 年 3 月于温州

目　录

第一章　知识图谱概述

过去,人们对一个学科的研究进行资料综述的时候,更多的是基于个体主观经验对资料进行加工[1][2],较少采用科学计量的方法对资料进行综合分析。面对今天浩如烟海的文献,如果没有科学的计量分析方法,仅凭个人的主观经验判断,难免会得出错误或者不当的归类和总结。[3]随着互联网技术的普及和数字化时代的到来,采用数据挖掘和信息可视化技术,对已有信息进行整理,产生新的知识的科学计量学逐渐发展并且成熟起来。[4] 知识图谱作为当前国际科学计量学领域热门的方法之一,越来越受到研究者的重视和青睐。2003 年,美国科学院组织的知识图谱(mapping knowledge domains)讨论会的召开预示着世界科学计量学中知识图谱和可视化研究的春天已经到来。要认识和把握知识图谱的准确含义,需要对其概念、发展历程、应用原理以及意义进行全面的了解。

---

① 郭文斌:《马斯洛人际关系心理学思想初探》,《渭南师范学院学报》2006 年第 1 期,第 82—85 页(《人大复印资料·心理学》2006 年第 5 期,第 74—77 页。全文转载)。

② 陈秋珠、郭文斌:《当前我国心理学中国化进程中存在的问题》,《渭南师范学院学报》2002 第 1 期,第 80—82 页(《人大复印资料·心理学》2002 年第 5 期,第 2—4 页。全文转载)。

③ 郭文斌、陈秋珠:《特殊教育研究热点知识图谱》,《华东师范大学学报(教育科学版)》2012 年第 3 期,第 49—54 页。

④ 郭文斌、方俊明、陈秋珠:《基于关键词共词分析的我国自闭症热点研究》,《西北师大学报(社会科学版)》2012 年第 1 期,第 128—132 页。

第一节　知识图谱的概念及发展历程

一、知识图谱的概念

了解地图、知识地图以及图谱的概念有助于准确把握知识图谱的概念。

(一)地图与知识地图

地图(map)是以二维或三维空间形式显示地形和人类活动及相关特征的地理学概念。地图能够科学地反映自然和社会经济现象的分布特征及其相互关系。在电子和数字时代,地图已经由传统的纸质地图演变为数字地图和电子地图。但不论其形式如何演变,依然不变的是地图的主要特征:第一,由特殊的数学法则产生的可量测性。特殊的数学法则包含地图投影、地图比例尺和地图定向三个方面。第二,由使用地图语言表示事物所产生的直观性。地图语言包括地图符号和地图注记两部分。第三,由实施制图综合产生的一览性。第四,必须遵循一定的数学法则。地图是绘制在平面上的,必须准确地反映它与客观实体位置、属性等要素之间的关系。第五,必须经过科学概括。缩小了的地图不可能容纳地面所有的现象。第六,具有完整的符号系统。[①]

知识地图(knowledge map)也被称为知识分布图或知识映射图,最初源于美国捷运公司绘制的充满知识资源的美国地图。此后,知识地图也表示带有索引号或用其他方式表示层次关系的表格和文件,以及用来表示信息资源与各部门或人员之间关系的信息资源管理表和信息资源分布图。[②]知识地图描述了一个组织在知识转化周期过程中的知识资源具体分布及

---

① 祝国瑞:《地图学》,武汉大学出版社 2004 年版,第 1—5 页。
② 乐飞红、陈锐:《企业知识管理实现流程中知识地图的几个问题》,《图书情报知识》2000 年第 3 期,第 15—17 页。

变化情况①,有助于组织成员把握本系统内部知识配置,为其进行知识寻求、创造提供准确的可用信息。知识地图的绘制步骤如图 1-1 所示。

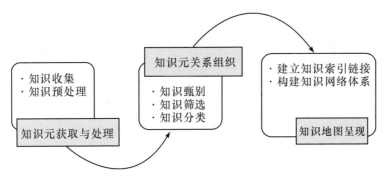

图 1-1 知识地图的绘制步骤

从图 1-1 可以看出,知识地图的绘制包括三个步骤:首先,通过知识收集和知识预处理获得知识元;其次,通过对知识的甄别、筛选和分类②,将无序的知识元间信息进行重组,以构建知识之间的相互关系;最后,在各个知识之间建立索引,通过索引来链接和标识它们之间的位置和关系,以此来呈现知识地图。绘制知识地图的目的就是对组织知识资源总体分布情况进行可视化描述,包括组织知识资源的存在情况及其载体,以及资源之间可能存在的联系。实质上就是利用现代信息技术制作的组织知识资源的总目录和各知识条目之间关系的综合体以及组织专家的导航系统,利用构造地图的方法将各类知识资源中的知识关联起来,使之成为一个网络③,以提高知识的利用率。

(二)图谱与知识图谱

图谱(atlas)指系统地编辑起来的、根据实物描绘或摄制的图,是研

---

① Alavi M, Leidner D E. Review: Knowledge management and knowledge management systems: Conceptual foundations and research issues. MIS Quarterly, 2001: 107-136.

② 梁勇、章成志、王昊:《基于 CSSCI 的期刊知识地图的构建》,《现代图书情报技术》2008 年第 2 期,第 58—63 页。

③ 秦长江、侯汉清:《知识图谱——信息管理与知识管理的新领域》,《大学图书馆学报》2009 年第 1 期,第 30—37 页。

究某一学科所用的资料。① 后来，泛指按类编制的图集。

知识图谱(mapping knowledge domain)也被称为科学知识图谱、知识域可视化或知识域映射地图，可视化地描述人类随时间拥有的知识资源及其载体，绘制、挖掘、分析和显示科学技术知识以及它们之间的相互联系，在组织内创造知识共享的环境以促进科学技术知识的合作和深入。② 它以科学学为基础，涉及应用数学、信息科学及计算机科学诸学科交叉的领域，是科学计量学和信息计量学的新发展。知识图谱能够用直观图像展现出最前沿领域和学科知识的信息会聚点，从宏观、中观、微观等不同层面来揭示一个领域或学科的发展概貌，使人们便于全面审视一个学科的结构和研究热点、重点等信息③，生成新的知识。借助知识图谱，人们可以将知识和信息中引人注目的最前沿领域或学科制高点以可视化的图像直观地展现出来，挖掘、分析和显示知识及其联系，进而判定学科前沿的历史演进路径。

值得注意的是，虽然可以将知识地图作为知识图谱的一种形式，但知识图谱比知识地图更能揭示知识之间的联系及知识的进化规律。知识图谱与知识地图的区别在于前者一般不提供方便使用者快速获取与知识资源关联的相关信息。

二、知识图谱的发展历程

(一)知识图谱的产生

人类经历的五次信息革命为：语言的使用；文字的创造；印刷术的发明；电报、电话、广播、电视的发明和普及；计算机技术及现代通信技术的普及与应用。现在，正在经历第六次信息革命：云计算与物联网的发展与应用。在互联网和数字化时代没有到来之前，学者们为了解一个学科

---

① 中国社会科学院语言研究所词典编辑室：《现代汉语词典(修订版)》，商务印书馆1996年版，第1275页。

② 刘则渊、陈悦、侯海燕等：《科学知识图谱：方法与应用》，人民出版社2008年版，第5页。

③ 郭文斌、陈秋珠：《特殊教育研究热点知识图谱》，《华东师范大学学报(教育科学版)》2012年第3期，第49—54页。

领域发展的整体状况,必须查阅该领域的几乎所有文献,然后经过自己的加工,从大量文献中筛选出相对重要的文献。这样的工作不仅耗费时间,而且也非常困难。不同学者选取文献时,因为出发角度和主观判断的差异,就如盲人摸象中的各个盲人,选取的材料往往有很大出入,结论也难以得到重复验证。

随着知识大爆炸和信息化时代的到来,海量信息时代也随之到来,它就像一头不仅正在奔跑而且还在不断变换形状的大象。这个时候想通过传统方法来捕捉学科发展的脉动越来越困难。在对多学科领域进行研究时,对文献的动态发展做一个综述性的回顾尤其困难。这个时候,迫切需要更具客观性、科学性、高效性的方法来研究科学学科的结构与发展。1955 年,加菲尔德(E. Garfield)在《科学》(*Science*)上发表关于引文索引的文献,奠定了引文分析法的基础。这不仅推动了代表学术共同体的多学科数据库——"科学引文索引"(Science Citation Index,SCI)——的发展,而且还为研究科学的动态发展状况设计了一系列成熟的概念性关注。引文分析概念成为当今科学计量学、文献计量学、信息计量学、网络计量学的基础。加菲尔德的发明极大地改变了科学计量学家们研究科学共同体的方式。经过多年发展,特别是得益于美国信息研究所(ISI)提供的引文数据库使引文结构的大样本统计分析越来越便利,知识图谱已成为科学共同体结构与发展实证研究的主流方法,广泛用于许多学科领域。

(二)知识图谱的发展

知识图谱的发展经历了三个阶段。

第一阶段,引文分析技术的出现。1999 年,斯莫尔(H. Small)明确提出借助引文图谱实现科学可视化途径。从普赖斯(D. Price)、加菲尔德到斯莫尔,已确立起日臻完备的引文分析理论与方法,构成科学计量学的基础与主流,在一定意义上形成了科学计量学中一门成熟的分支学科——引文分析学。20 世纪 90 年代以来,科学计量学运用统计分析、引文分析和网络分析的方法,以及计算机图形学、图像处理与可视化技术,在科学知识图谱和知识可视化方面得到了迅猛的发展。

第二阶段,社会网络分析技术阶段。在引文网络研究中,引入复杂网络和社会网络的基本概念与最新成果,把引文分析、复杂网络和社会网络三种理论与方法统一起来,将科学知识图谱理论与方法提高到一个新的水平。这种变化不仅可以使学者对引文网络知识分布、知识流动、知识演化等特有规律产生深化认识,而且还可以促进探索普遍存在于自然、社会和人文的复杂网络的一般规律,具有重大的学术价值。

第三阶段,可视化知识图谱阶段。1987 年,美国国家科学基金会发表《科学计算中的可视化》,标志着科学可视化的诞生。信息可视化(information visualization,InfoVis)最早由罗伯逊(G. Robertson)等在 1989 年提出,指在计算机、网络通信技术支持下,以认知为目的,对非空间的、非数值型的和高维的信息进行交互式视觉表现的理论、方法与技术。计算机可视化信息处理软件是通过直观的动态图像处理信息的方式,显示出专业领域中出现的学科交叉的复杂现象,从而获得详尽的前沿科学信息分析结果。它不仅有助于科学家在最短的时间内了解和预测前沿科技研究动态,而且还有助于在复杂的科研信息中开辟新的未知领域,并提供快速、独立、科学判断的客观依据。2003 年,美国科学院组织的知识图谱(mapping knowledge domains)讨论会的召开预示着世界科学计量学中知识图谱和可视化研究的春天的到来。我国大连理工大学的刘则渊教授以此次会议为契机,展开了对知识图谱的研究。他于 2005 年在国内提出知识图谱研究,于 2008 年出版了《科学知识图谱:方法与应用》一书。此后,知识图谱的应用研究在国内不断涌现,取得了丰硕的成果。

第二节 知识图谱的原理及特征

一、知识图谱的原理及种类

(一)知识图谱的原理

知识图谱的基本原理是科学文献、科学家、关键词等分析单位的相似性分析及测度。根据不同的方法和技术可以绘制不同类型的科学知识图谱。首先,通过计算机和互联网搜索引擎强大的自动查询功能,该方法能够在极短的时间内完成对海量信息的准确查询。其次,通过计算机对已查询到的海量零散信息进行文献计量统计分析,该方法不仅可以通过量化模型将分析结果以科学的、可视化的形式直观地呈现出来,而且还可以发现它们之间的深层次关系和趋势,为今后在该领域开展研究提供更有力的客观数据和科学支持[①],主要的绘制流程见图1-2。

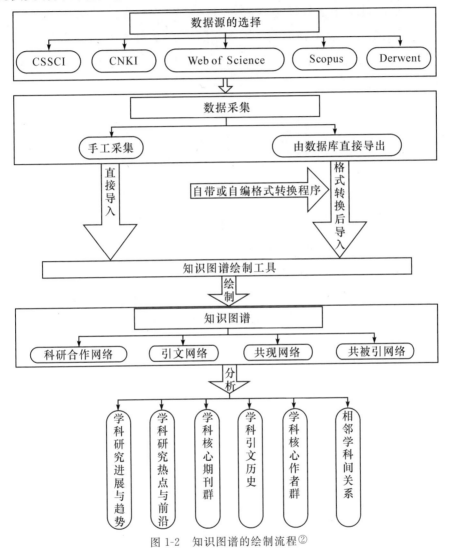

图 1-2　知识图谱的绘制流程[②]

---

① 郭文斌、高峻峰:《国内心理学界记忆研究热点——基于 2003—2013 年 900 余篇的关键词共词分析》,《渭南师范学院学报》2014 年第 7 期,第 37—43 页。

② 胡泽文、孙建军、武夷山:《国内知识图谱应用研究综述》,《图书情报工作》2013 年第 3 期,第 131—137 页。

从图 1-2 可以看出,知识图谱绘制流程主要有:首先,确定并选择合适的数据源,对数据源数据进行采集;其次,选取绘图工具绘制知识图谱,揭示选取数据之间的深层次关系。它是一个涉及多学科交叉的领域,是科学计量学和信息计量学的新发展。

从图 1-3 可以看出,知识图谱是一门多个学科交叉与结合的分支学科,其涉及信息科学、计算机科学、科学学、科学计量学以及应用数学等学科。

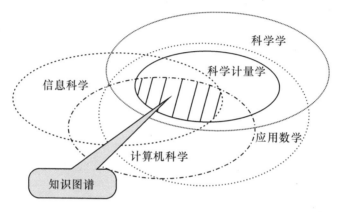

图 1-3　知识图谱的学科背景①

(二)知识图谱的种类

知识图谱分为传统科学计量图谱、三维构型图谱、多维尺度图谱、社会网络分析图谱、自组织映射图谱、寻径网络分析图谱等类型。②

1. 传统科学计量图谱

通过线性函数产生二维或三维统计图形(柱状图、线性图、扇形图、点分布图等),以最直观、简单的方式来展示对知识的统计结果。传统科学计量知识图谱以静态嵌合(mosaic)为主要特征,构成部分之间按照外在确定的标准安排,孤立呈现,彼此间几乎不存在交流和沟通。

---

① 刘则渊、陈悦、侯海燕等:《科学知识图谱:方法与应用》,人民出版社 2008 年版,第 5 页。

② 陈悦、刘则渊、陈劲等:《科学知识图谱的发展历程》,《科学学研究》2008 年第 3 期,第 449—460 页。

2. 三维构型图谱

三维构型图谱是基于三维图形而产生的知识图谱。三维图形由国际著名科学计量学家德国人克雷奇默（H. Kretschmer）教授于1987年创立。她受梅茨格（W. Metzger）1986年创立的心理学中的"构型"（configuration，或者称"格式塔"）理论启发，将新的数学方法引入科学计量学领域，借助非线性函数形象地描述了科学家合著网络构型的三维图形。三维构型图谱中的各组成部分和点处于动态交互中，它们较密切地交流和相互作用。一旦形成某种有序的格局，不仅其他组成部分和点的位置会被确定，而且，构成自身的组成部分和点的位置也会被其他部分所确定。

3. 多维尺度图谱

多维尺度图谱是基于多维尺度分析绘制出的知识图谱。多维尺度分析是通过非线性方法，把高维空间的数据转换到低维空间，转换后的数据仍可以较好地反映原数据间的关系。多维尺度图谱中，点表示一个事物或物体，点的位置根据事物或物件间的相似关系安排。越相似的两个事物或物件，所代表其的两点间的距离越近；反之，所代表其的两点间的距离越远。多维尺度图谱中的点处于欧几里得几何空间，可以采用二维、三维或者多维图形来展示它们之间的关系。图1-4就是一个多维尺度图谱。

从图1-4中，不仅可以看出残疾人职业教育研究的三个组成领域，而且还可以根据各个领域中点与点之间的空间位置距离远近，判断它们所代表的关键词间的关系远近。

4. 社会网络分析图谱

社会网络分析图谱是基于社会网络分析绘制出的知识图谱。社会网络分析（social network analysis，SNA）始见于20世纪二三十年代的英国人类学研究。在社会劳动中，每个劳动者与其他劳动者间存在或多或少的关系。社会网络分析就是通过构建上述关系的模型，描述和揭示群体间关系的结构给群体功能或者群体内部个体带来的影响。社会网络分析的计量法源于美国社会心理学家莫雷诺（J. L. Moreno）创立的社会测量法。如今，社会网络分析广泛应用于社会网络关系发掘、支配类型发现以及信息流跟踪，能够判断和解释信息行为和信息态度。

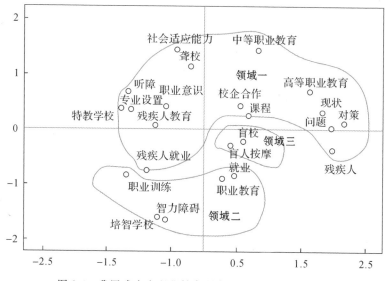

图 1-4　我国残疾人职业教育研究热点多维尺度图谱①

5. 自组织映射图谱

自组织映射图谱是基于自组织特征映射模型理论绘制出的知识图谱。自组织特征映射模型理论于 1981 年由芬兰赫尔辛基理工大学卡汉（T. Kohonen）教授提出。②③ 他针对传统图像分割技术存在的缺陷（无法模仿人对颜色进行主观区分以提取森林火灾图像的火焰区域），提出了人造神经中枢网络对信息可视化极其重要的自组织特征映射模型（self-organizing feature map）。它非常适合对图像进行自适应分割，能够模拟人脑中处于不同区域的神经细胞分工不同的特点，采用无监督的自适应分类方法，按照有序的拓扑映射结构，将任意维的输入信号自动转换到一维或者二维的离散网格上。

6. 寻径网络分析图谱

1990 年，美国心理学家施瓦内夫特（R. W. Schvaneveldt）提出寻径

① 郭文斌、张梁：《残疾人职业教育研究热点及发展趋势》，《残疾人研究》2018 年第 3 期，第 57—65 页。

② Kohonen T，Oja E，Simula O，et al. Engineering applications of the self-organizing map. Proceedings of the IEEE，1996，84(10)：1358-1384.

③ Kohonen T. The self-organizing map. Proceedings of the IEEE，1990，78(9)：1464-1480.

网络分析图谱（pathfinder network scaling map，PFNET）。该方法模拟人脑的记忆和联想方式，形成不同概念或实体间的语义网络。首先，对不同概念或实体间联系的相似性或差异性进行经验性评估；其次，应用图论中的基本概念和原理生成特殊的网状模型。

二、知识图谱的特征

知识图谱具备动态性、空间性、知识依赖性、关联性四个方面的特征[①]。

第一，动态性。这是知识图谱区别于传统知识地图的本质特征，它以静态的图谱中点与点以及连线的关系形式，揭示知识间隐含的动态结构变化信息。

第二，空间性。知识图谱以二维或者三维图形展示知识之间的空间结构，通过坐落空间位置和所占据领域大小来标示知识所处战略位置的重要程度。

第三，知识依赖性。知识图谱与一般图像的区别在于，一般图像是对原材料进行直接加工所生成的，而知识图谱是在对知识进行数据统计或者文本分析后，在所构建的客观知识综合体的基础上的再次加工处理。知识图谱一般无法直接从原始知识材料中加工产生，它依赖于对原材料的再次加工。

第四，关联性。知识图谱可以揭示各知识点之间的相互关系，点与点在图谱中所处的距离远近表示它们之间关系的亲疏，点与点之间连线的粗细表示它们关系连接的力度大小。

第三节　知识图谱在教育研究中应用的意义

知识图谱由于计算机运行速度提升和数字化时代的到来而日显重要，未来，知识图谱在教育研究中应用的意义主要体现在四个方面：对教育科研进行科学信息管理；对教育专利技术进行评价和预测；对各学科

---

① 李海平、齐卓砾、胡君朋：《标准化领域知识图谱的构建和应用研究》，《中国标准化》2022 年第 17 期，第 51—55 页。

的教育科研进行计量学研究;为制定教育科研战略决策提供帮助。

第一,对教育科研进行科学信息管理。通过知识图谱可以探寻需研究的教育专家、机构、出版物等方面的关键主题词,对其进行综合性科学计量分析,为了解和掌握教育科研的结构、热点变换和发展过程提供更直观的图形展示。知识图谱作为科学管理工具可以完成如下活动:对教育研究期刊、教育家、教育机构或社团在研究中的角色提供客观的评价;确定教育期刊与期刊之间、教育期刊和研究领域之间的关系;测度当前教育研究的影响;向社会提供有关重要的、新的交叉教育学科关系的早期预警;认定进展突然加速的教育研究领域以及确定导致重大教育科学进步的进展的次序。

第二,对教育专利技术进行评价和预测。专利文献具有重要的经济价值,因此对专利文献的科学计量分析显得尤为重要。1963 年,世界上第一部专利文献的引文索引 SCI 出版,为进行专利技术评价和预测提供了很大的便利。因为它不仅列出了出现在期刊文献中的专利引文,而且还给出了专利中的引文。研究者可以非常方便地通过知识图谱来分析和研究专利文献间的相互引证关系,借助可视化图像评价和定位某一专利,掌握该专利技术的水平情况,并预测其未来可能的发展方向。

第三,对各学科的教育科研进行计量学研究。知识图谱属于科学计量学研究的范畴,它可以通过量化手段完成如下任务[①]:分析学科进展及发展趋势;分析学科核心作者群;分析学科核心期刊群体的结构;分析学科研究的时空分布特征、主要热点领域、研究前沿、研究动态和发展趋势;分析论文产出的主要领域、国家、机构、科学家和期刊。

第四,为制定教育科研战略决策提供帮助。知识图谱可以描述相关教育文献所代表的特定领域内的研究主题及其关系;揭示研究主题内各领域的研究热点、领域构成及变化;探寻关注教育领域的战略发展目标和政府项目应用实效;预测该领域内未来研究的发展趋势,为制定教育科研战略决策提供帮助。

---

① 梁秀娟:《科学知识图谱研究综述》,《图书馆杂志》2009 年第 6 期,第 58—62 页。

推荐进一步阅读文献

[1]寇继虹、楼雯：《概念图研究演进的知识图谱分析》，《图书情报知识》2012 年第 2 期，第 117—123 页。

[2]廖宇峰：《国外知识地图研究现状和展望》，《新世纪图书馆》2009 年第 3 期，第 80—83 页。

[3]王胜漪、刘汪洋、邹佳等：《基于知识图谱的结构化数据分类算法研究》，《计算机时代》2022 年第 9 期，第 58—62 页、第 67 页。

[4]张金斗、李京：《一种结合层次化类别信息的知识图谱表示学习方法》，《软件学报》2022 年第 9 期，第 3331—3346 页。

[5]杨东华、何涛、王宏志等：《面向知识图谱的图嵌入学习研究进展》，《软件学报》2022 年第 9 期，第 3370—3390 页。

第二章　知识图谱的基本方法

知识图谱的基本方法主要包括五种，它们分别是：引文分析法、共被引分析法、多元统计分析法、词频分析法、社会网络分析法。

第一节　引文分析法

最早关注引文分析的是美国学者谢泼德（Shepard），他于 1873 年创办了《谢泼德引文》(*Shepard's Citation*)供律师或法学家查阅法律判例及其引用情况。1948 年，英国学者布拉德福德(S. C. Bradford)在其专著《文献工作》(*Document*)中提出可定量描述文献序性结构的经验定律：某学科大量的文献相对地集中在一定数量的杂志上，而剩余部分的文献则分散在其他大量相关杂志上。这奠定了核心期刊与非核心期刊的分类思想。1955 年，美国著名情报学家加菲尔德提出利用引用文献追踪科学进展的概念，引文分析法正式产生。他于 1963 年创办了 SCI，用于探讨科学的结构、评价与选择情况，考察科学著作及其作者的社会影响等，产生了重要的影响。

一、引文分析法概述

(一)参考文献的含义

参考文献(references)可以看成是一种列在文后的文献注释,它提供被引用或参考的内容所在文献的基本书目信息,如文献的责任者、题名、出版单位、出版时间、出版地点、页码等。美国《MLA 文体手册和学术出版指南》①指出,参考文献和文献注释的区别有两点:一是参考文献可以有表示文献出处的页码,也可以不标注引文在原著中的出处页码,因为它是指对某一著作或论文的整体借鉴或参考,而文献注释则一定要有出处的具体页码;二是参考文献的著录项目、次序、标记符号等格式有严格规定,而文献注释的格式则较为随意,除书目信息外,还有关于文献流传、存佚等信息。

(二)引文的含义

引文(citations)是引用参考文献的简称,是作者、编者根据其认可的学术理念和规范对相关文献阅读、筛选、取舍、利用的产物,是有利于表述尤其是支撑其研究成果的他人文献或成果,是引用者自己认为"有用"的资料。②引文是科学对话的一种方式,它既是定性的,又是定量的。前者体现在作者对相关文献的主观判断,后者表现在引文的数据是客观的。引文一般分三种情况:直接引用文献原文、引用文献的大意、引用文献的观点或者数据。引文出处一般在引文页末以脚注形式给出。

引文一是指引用资料,即在著作中引用其他作品的片段内容或他人所发明的定义定理;二是指参考文献(bibliographic references),是指为撰写或编辑论著而引用或参考的有关文献资料,通常附在论文、图书或每章、节之后,有时也以注释(附注或脚注)形式出现在正文中。

综上所述,引文是指"为撰写或编辑论著而引用或参考的有关文献

---

① [美]约瑟夫・吉鲍尔迪:《MLA 文体手册和学术出版指南(第二版)》,沈弘、何姝译,北京大学出版社 2002 年版,第 342 页。

② 叶继元:《引文的本质及其学术评价功能辨析》,《中国图书馆学报》2010 年第 1 期,第 35—39 页。

资料"中的部分内容,常以直接引语、有时亦以间接引语的形式出现,通常引语部分有数字或作者、出版年的标记;而参考文献则通常是附在论文、图书或每章、节之后,有时也以注释(附注或脚注)形式出现在正文中,列出引文所在文献的题名、责任者、出版地、出版者和出版年、页码,或期刊卷期、年月、页码等书目信息的一些"文献信息资源"的条目,而非"资源"。引文数量是指有多少文献被引用或提到,而参考文献数量则是指一篇论文中以文后注释、脚注等形式出现的被引文献的书目数量。严格说来,引文的数量与参考文献的数量并非一回事。普赖斯指出:"如果论文 R 包含一篇用于和描述论文 C 的书目脚注,那么论文 R 就包含了一条有关论文 C 的参考文献,而论文 C 则有了一条来源于论文 R 的引文。一篇论文拥有的参考文献数量由作为文后注释、脚注等形式出现的被引文献的书目数量所测定;而一篇论文拥有的引文数量则通过查找某个引文索引和观察被多少其他的论文提到所确定。"①

(三)引文分析法的含义

引文分析法(citation analysis)就是利用各种数学、统计学的方法,以及比较、归纳、抽象、概括等逻辑方法,对科学期刊、论文、作者等各种分析对象的引用和被引用现象进行分析,以便揭示其数量特征和内在规律,实现评价、预测科学发展趋势的一种信息计量研究方法。② 引文分析的出发点是正文和引文,即引用的文献和被引用的文献。引文分析中多次被引用的文献足以说明它们涉及的主题或内容受到更多的关注,能够反映出学科领域普遍关注的热点问题。普赖斯认为在科学论文之间形成的引文网络结构中,只有极少数论文被新发表的论文较多引用,被引频次高的这小部分论文可视为学科的新的生长点,成为热门的科学前沿的代表,为利用引文分析探测科学前沿的可行性奠定了理论基础。

(四)引文分析法的作用

一是测定学科的影响和重要性;二是研究科学结构;三是研究学科

---

① Price D J D. Little Science, Big Science and Beyond. New York: Columbia University Press,1986:301.
② 邱均平:《信息计量学》,武汉大学出版社 2007 年版,第 315 页。

情报源分布;四是确定核心期刊;五是研究情报用户的需求特点;六是评价科学水平和人才;七是评价国家、地区的科研状况;八是研究科学交流和情报传递规律;九是研究文献老化和情报利用规律。

二、引文分析法的类型

(一)按照获取引文数据来源的方式分

引文分析法按照获取引文数据来源的方式可以分为直接引证法和间接引证法。直接引证法指直接从来源期刊中统计论文被引的文献,并进行引文分析;间接引证法指通过引文分析工具(如 SCI、SSCI、CSSCI、CSBD 等引文索引数据库,ENDNOTE、REFERENCE MANAGER、JCR 等引文标注和统计的工具)间接获取需要的引文数据,对其进行分析。

(二)按照分析方法的角度分

从分析的出发点可以将引文分析分为两种类型:引文网状分析和引文链状分析。引文网状分析指通过对特定对象的引文间形成的网状结构(例如作者与作者、期刊与期刊、学科与学科等)进行分析,试图揭示研究对象间的科学结构以及学科相关程度等;引文链状分析指各研究对象之间存在着类似生物链的结构,通过这种链状结构和指向标志关系可以尝试揭示科学的发展过程并展望其未来的发展趋势。各文献间存在着一种"引文链",引文链有指向的标志。例如,甲作者的文献被乙作者引用,丙作者又引用乙作者文献,丁作者引用丙作者文献等,由此展开了一个简单的作者系列引文链:丁—丙—乙—甲。

(三)按照分析的内容分

按照引文分析的内容可以将引文分析分为引文类型分析、引文语种(国别)分析、引文年代分析、引文数量分析。

1. 引文类型分析

按照科学研究引用的具体类型可以细分为:期刊论文、图书和特种文献。对被引文献的类型进行分析,有助于明确不同类型文献在研究所关注领域的影响力,缩小查找重点文献类型的范围。

2. 引文语种(国别)分析

"地球村"的出现使人们非常容易获得各种不同语种的文献。如果研究者所关注的某一语种(国别)的文献被多个语种(国别)的研究者所共同引用,则说明该语种(国别)的文献在该研究领域占据较为重要的地位,其参考价值也较大。

3. 引文年代分析

研究者对感兴趣研究领域的文献分析以年代为一个维度,以引文数量为另外一个维度,在二维坐标上描绘不同年代引文数量的变化分布曲线。对上述分布曲线进行分析,不仅有助于了解被引文献的出版、传播和利用情况,而且还有助于探寻研究领域发展的进程和规律,特别为文献老化和科技史的研究提供强有力的凭据。

4. 引文数量分析

引文数量分析主要指通过引文的数量来评价期刊和论文的学术质量。一般情况下,期刊和论文学术质量高低的评定可通过被引用的总的数量来测定。被引用的总的数量越高,其对应的学术质量也就越高;反之,则学术质量较低。研究者通过对感兴趣研究领域的文献的引文数量的分析,也可以揭示不同的文献引用与被引用之间的相互关系。如果不同论文或期刊间的引文数量大,则可以认定它们之间的联系较为紧密,引证强度大。该方法已成为确定核心期刊最常用的方法。

三、引文分析法的步骤

引文分析法的详细步骤如图 2-1 所示。

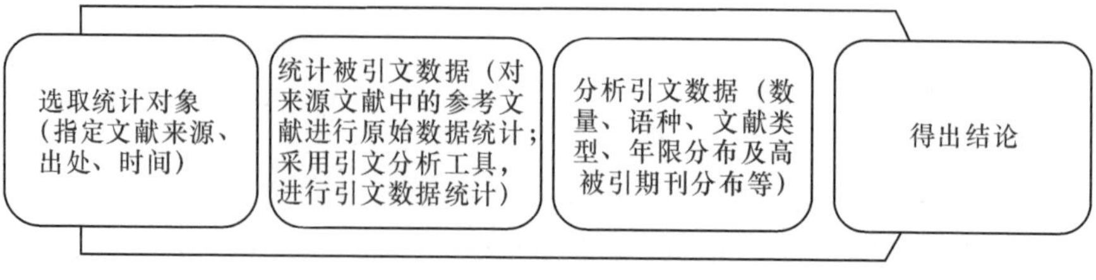

图 2-1　引文分析法详细步骤

从图 2-1 可以看出,引文分析法的主要步骤为:第一步,指定文献来源、出处、时间以选取统计对象;第二步,统计被引文数据,可以直接对来源文献中的参考文献进行原始数据统计，也可以采用引文分析工具进行引文数据统计；第三步，分析引文数据，包括引文的数量、语种、文献类型、年限分布及高被引期刊分布等；第四步，得出结论。

四、常用的引文分析技术

常用的引文分析技术主要包括三种：文献合配（bibliographic coupling）分析法、影响因子（impact factor）分析法和共引用（co-citation）分析法。[①]

（一）文献合配分析法

如果两篇论文具有同样的一篇或多篇参考文献，也就是说，它们均引用了一篇或多篇论文，则这两篇论文间就有合配关系（也称为耦合关系）。这两篇论文共有参考文献的数量称为合配程度。如果两篇文章间相同的参考文献越多，就称两篇文献合配程度越高，也意味着两篇文献在学科内容或专业性质上越接近、联系越紧密。利用这种文献群的关系，便可分析文献的发展。

（二）影响因子分析法

所谓影响因子就是一组已发表论文的平均引用率。在任何期刊中，质量不等的论文对期刊质量的影响是不同的，影响因子将反映它们的平均被引用情况，可用于合理评价期刊质量。影响因子既可以用来观察期刊的实际使用量，评价期刊质量，选择核心期刊，还可以用来评价学科和单篇文献。在影响因子的评价标准中，除文献被其他文献引用，还包括文献自引（包括同一学科文献的自引、同一期刊的自引、同一作者的自引、某一机构的文献自引、同一语种文献自引、同一时期文献的自引等）。学科自引可以用来评价该学科的相对稳定性。一般来说，学科自引率较大，则说明该学科比较成熟、稳定，但其吸收外界成果的能力差；反之，则说明该学科与其他学科交叉渗透，具有强烈的吸引能力，易于吸收和采纳新的思想、技术和方法。期刊自引率高表明该刊的用稿有

---

① 屈宏明：《文献质量评价与引文分析法》，《现代情报》1997 年第 6 期，第 7—8 页。

连续性,前后衔接较好,有自己的学术风格和独到的特点,在本学科领域中占领先地位;但同时也说明该期刊所载论文反映的专业面较窄,对口期刊少。

(三)共引用分析法

如果有 A、B 两篇论文,被后来的论文同时引用,就称 A、B 两篇论文有共引用关系。两篇论文被其他论文共同引用时,以共引用论文数量的多少为度量标准,称为共引用强度(co-citation strength)。这两篇论文共引用的次数越多,则这两篇论文的共引用强度越大。共引用频次愈高,两篇论文的相关性愈强。共引用分析不单可用于文献检索,还可用于研究文献的关系结构、主题相似关系及学科结构等问题,也可揭示共引用关系网在知识结构上建立模型的方法,以及预测一个专业的发展趋势。

延伸阅读 2-1:科学文献的自引分析计算

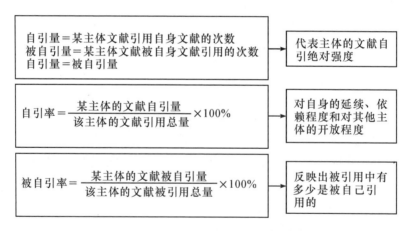

图 2-2　科学文献的自引分析计算①

---

①　邱均平:《科学文献自引的统计与分析》,《情报学刊》1989 年第 4 期,第 16—21 页。

五、对引文分析法的评价及其新走向

（一）对引文分析法的评价

1. 引文分析法的优点

第一，广泛适用性；第二，简便易用性；第三，功能强大性[1]；第四，评价结果的客观性和可靠性。

2. 引文分析法的缺点

第一，被引频次难以等同于文献价值——引文分析法的不可靠性。历史上，许多重要的发现，开始时往往知音很少，甚至遭到压制，以致在相当长的时期被埋没。第二，引文分析法的无层次性、无多类型性是其致误的重要原因。第三，学科间质的差异导致引文分析法得出似是而非的结论。第四，量的区别不等于质的差异。引文分析法是按期刊被摘储、被引文的数量的多少来判断期刊的重要程度的，但是事物间仅有量的区别是不足以显示出其质的差异的。[2]

延伸阅读 2-2：引文分析假设前提

第一，文献的被引用意味着文献被引用者所利用；第二，文献的被引用反映了文献的优点；第三，所引用的文献都是最适于作者所用的；第四，被引文献在内容上总是与引用文献相关的；第五，所有的被引文献在引文分析研究中，都将具有同等的地位。[3]

（二）引文分析法的新走向

1. 引荐分析

引荐分析法是基于领域内 h 指数（h-index）的一种新的引文处理方法。它是运用批量 h 变换方法对某一研究领域的引文数据集进行分析

---

[1]　郑尚标：《对引文分析法的认识与再思考》，《中小学图书情报世界》2010 年第 4 期，第 30—31 页、第 45 页。

[2]　李健生：《"引文分析法"质疑》，《图书情报工作》1992 年第 5 期，第 41—45 页、第 57 页。

[3]　思萌：《引文分析法的作用、局限性及其改进》，《图书馆建设》1992 年第 6 期，第 17—20 页。

而得到的数字指标,它能用于表征该领域绝大多数研究者的相对学术地位。h 指数是指一个作者在某领域至少发表了 h 篇文章,而且每篇文章的被引次数均不少于 h 次。其计算方法是:将作者在特定领域内发表的文献按被引次数降序排列,被引次数不大于行号时的行号即该作者的领域内 h 指数。其步骤是:首先,界定领域范围以确定数据集;其次,运用程序执行批量 h 变换,得到该领域全部作者的 Dh 指数(domain h-index)。有了 Dh 指数这一新的科学计量指标,在利用 h 指数思路寻找领域专家时,无需像传统的 h 指数研究那样费力地逐一输入可能的作者姓名继而甄别其论文和被引信息,只需构建评价视域,然后使用软件工具执行批量 h 变换,即可准确得到领域或数据集内全部作者的 Dh 指数。这样,可以使普通检索者通过简单的操作就能拥有一定程度的专家知识,能快速识别出领域内的高影响力专家,继而借助专家的学术视野和学识判断为自己的信息检索和知识创新服务。①

2. 全文本引文分析

传统的引文分析以科学文献中的脚注或尾注形式的参考文献(引文)为数据源,通过统计其被引频次分析作者、文献以及期刊的学术影响力。然而,传统的研究方式忽略了引文在文献中的具体引用情况(比如引用次数、引用位置和引用语境等)以及作者的引用动机等重要信息。作为引文分析法的新发展,全文本引文分析(citation in full-text 或者 citation con-text analysis)通过自然语言处理、文本挖掘、情感分析以及可视化等技术方法对引文的引用情况和引用动机等进行挖掘、分析和展示,从而更加准确地测度和评价被引作者、文献、期刊、机构和国家的学术影响力并透视作者的引证动机等,对科学计量学和科学学的发展大有裨益。全文本引文分析的方法有多种,主要有文本挖掘、自然语言处理、情感分析和可视化分析等。需要指出的是,全文本引文分析引用位置的划分和赋值尚未形成统一的标准,引文聚类算法仍需改进,引用动机分析有待突破。②

----

① 周春雷:《领域内 h 指数及其应用研究》,《图书情报工作》2012 年第 10 期,第 45—49 页。

② 赵蓉英、曾宪琴、陈必坤:《全文本引文分析——引文分析的新发展》,《图书情报工作》2014 年第 9 期,第 129—135 页。

3. 网络引文分析

随着网络的迅速发展,"网络计量学"的概念应运而生,其主要思想是将引文分析方法应用于网络环境中,在不断研究的过程中,学者发现与网络链接相比,网络引文的概念与传统引文更相似,于是诞生了网络引文分析方法。学术交流目前呈现出传统方式和网络方式并存的状态,我们可以把引文分为 print-to-print 引文、print-to-web 引文、web-to-print 引文、web-to-web 引文。① print-to-print 引文属于传统引文分析的范畴,我们这里不作讨论,而后面的三种都属于网络引文分析的研究范畴。国内对网络引文的研究大部分属于 print-to-web 引文,而国外的研究更多地关注 web-to-print 引文和 web-to-web 引文。print-to-web 引文更多地探讨传统出版物参考文献中的电子成分,本质上属于传统引文分析的范畴。对 print-to-web 研究的一个障碍是网络的动态变化特性。由于链接对象物理位置(URL)发生变化而出现死链是有目共睹的事实,由此给 print-to-web 引文分析带来了困难。数字对象标识符(digital object identifier,DOI)的使用以及 URL 搜索定位法的提出,为确保网络学术资源的稳定链接提供了保障。对 print-to-web 研究的另一个障碍是对网络引文文献的著录标准化问题,加菲尔德在"Impact factors,and why they won't go away"(影响因子,以及为什么它们不会消失)一文中,对网络引文提出了一种设想,他希望网络引文能够标准化,形成一系列的参考标准从而适于精确计算。前者指的是网页之间的关系,而后者指的是网络文献的引用或者提到已出版的文献,因此,我们现在更多探讨的是网络超级链接,而并非网络引文。PageRank 算法最早由谷歌(Google)公司提出,用以解决网络中网页排序的问题。该算法将网络中页面的链接看作是投票的过程,也就是说,被链接的次数越多,说明被投票的次数越多,因此获得的认可度越高。这一方法对解决网络中海量数据的排序问题具有极高的应用价值,因此受到了广泛关注。哈维利瓦拉(T. Haveliwala)于 2003 年提出了一种与主题相关的 PageRank 改进算法,该算法首先根据文本给定的主题在每一个主题范围内计算 PageRank 权

① 苏芳荔:《国内外网络引文分析研究比较》,《情报资料工作》2009 年第 6 期,第 10—13 页。

值,然后将这些主题的权值进行线性整合得到网页最终的排名结果。[①]

4. 同被引聚类分析与容词分析相结合

随着计算机的广泛应用和信息技术的发展,引文分析的方法日益多样化,不少学者从文献的引用动机、引用习惯、影响引用行为的因素入手,研究引文的两重性,揭示引文分析方法的局限性,试图探索发展更深层次的、有效性和可靠性更高的引文分析方法。同被引聚类分析与容词分析相结合是引文分析的一种最新方法。同被引聚类分析可以对重要的参考文献进行分门归类,形成引文网状图。容词分析可以对聚类中形成的文献类组进行相似性验证,二者具有互补性。通过计算同类文献相似度以及类与类之间的主题相似性,检验聚类的效果,有利于对文献主题进行深层次的、具体的微观研究并作出科学的解释。定量化、模型化的分析方法也是近年来引文分析发展的一个显著特征。

延伸阅读 2-3:引文分析法研究举例

安徽大学管理学院的程晴晴以安徽大学管理学院情报学 2010—2012 年 83 篇硕士毕业论文中的 28 篇被引论文作为统计数据源进行分析。作者利用 Excel 2003 对 28 篇论文涉及的 2640 条引文采用引文分析法,对引文类型、引文语种分布、中文引文类型、中文引文文献类型、图书情报类引文期刊的分布等方面进行了统计分析。作者找寻出了情报学研究生对期刊需求的特点。第一,从引文类型来看,期刊、专著、硕士及博士学位论文和互联网是情报学研究生常用的中文文献类型;在外文文献中,期刊、专著和互联网是引用最多的文献类型。在中文和外文的引文中,中文期刊占总引文量的 44.39%,外文期刊占总引文量的 17.54%,期刊占总引文量的 61.93%。期刊是情报学研究生撰写学位论文的主要参考文献来源。第二,从期刊引文语种分析来看,中文期刊 1172 篇,占引用期刊总量的 72%;英文期刊 463 篇,占引用期刊总量的 28%。就外文期刊而言,安徽大学管理学院情报学研究生多是利用英文期刊,利用小语种期刊资源的非常少。第三,从中文引文类型分布来看,2640 篇引文

---

① Haveliwala T H. Topic-sensitive Pagerank: A context-sensitive ranking algorithm for web search. IEEE Transactions on Knowledge and Data Engineering,2003, 15(4):784-796.

中,中文期刊论文的引用数量为 1172 篇,占中文文献引用总量的 59%;著作的引用数量为 496 部,占中文文献引用总量的 25%;而其他类型的文献引用率就相对较低。第四,从中文引文期刊类型的分布来看,被引用最多的是图书情报类期刊论文,共 237 篇,占总期刊引文量的 20.2%;其次是大学学报上发表的论文,共 195 篇,占总期刊引文量的 16.6%;然后是经济类论文,共 178 篇,占总期刊引文量的 15.2%。第五,从图书情报类引文期刊的分布来看,共引用图书情报类期刊 39 种,作者列出引文超过 9 篇的期刊有 9 种。作者依据研究结果提出了关于图书情报期刊的 2 条建设对策。[①]

第二节　共被引分析法

共被引分析法是引文分析的一个重要内容,于 1973 年由美国情报学家斯莫尔提出。此后这方面的研究工作受到国内外学者的广泛关注,成为引文分析研究中的热点。

一、共被引分析法概述

(一)共被引的含义

共被引(co-citation)又称同被引,指对引文进行网状关系方面的探讨。如果 A、B 两篇文献同时被 n 篇文献所引用,则认为 A 文献和 B 文献具有共引关系,其共引强度为 n。n 数值越大表明这两篇文献的关系越密切,或者其内容越相关。

(二)共被引分析法的含义

共被引分析法是一种定量的情报研究方法,它以具有一定学科代表性的一批文章(作者、期刊)为分析对象,利用聚类分析、多维尺度分析等

---

① 程晴晴:《引文分析在图书情报类期刊建设中的应用研究——安徽大学情报学专业硕士毕业论文引文分析研究》,《科技情报开发与经济》2013 年第 20 期,第 109—111 页。

多元统计分析方法,借助电子计算机,把众多的分析对象之间错综复杂的共引网状关系简化为数目相对较少的若干类群之间的关系,并直观地表示出来,使分析对象之间相互关系的格局清晰可辨,在此基础上研究分析对象所代表的学科及文献的结构和特点。[①]

延伸阅读 2-4：同被引分析与可视化系统结构

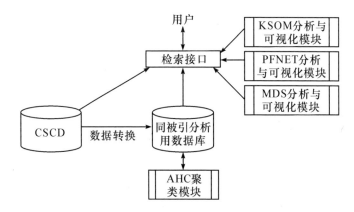

图 2-3　同被引分析与可视化系统结构[②]

（三）共被引分析法的作用

第一,通过统计研究对象之间形成的相对位置信息和相互关系的亲疏程度,展示研究对象的前沿分析、领域分析、科研评价等情况,揭示科学结构的来龙去脉。

第二,判定研究领域科研人才构成,探测学科的兴衰、分化、渗透,为信息分析、管理、预测提供科学的依据。

第三,为检索出有效的文献和确定核心期刊提供技术支持。

二、共被引分析法的类型

共被引分析法主要分为：共词分析法、共作者分析法、共期刊分析

---

① 赵党志：《共引分析——研究学科及其文献结构和特点的一种有效方法》,《情报杂志》1993 年第 2 期,第 36—42 页。

② 陈定权：《同引分析与可视化技术》,《情报科学》2005 年第 4 期,第 532—537 页。

法、共文献分析法等。

（一）共词分析法

共词分析法是利用文献中词汇对或名词短语共同出现的情况，来确定该文献所代表的学科中各主题之间的关系。一般认为词汇对在同一篇文献中出现的次数越多，则代表构成词汇对的这两个主题的关系越紧密。因此，统计一组文献的主题词两两间在同一篇文献出现的频率，便可形成一个由这些词汇对关联所组成的共词网络，网络内节点之间的远近关系便可反映主题内容的亲疏关系。一般最为常用的是关键词共词分析法。随着数据挖掘原理和统计知识认知的提升，共词关联分析法、突发词监测、词频分析法、共词聚类分析，是目前比较常用的四种处理方式。[1]

延伸阅读 2-5：共词分析法必须满足四个假设前提

共词分析法必须满足四个假设前提：第一，作者经过深思熟虑，认真选择文章的关键词、标题等专业术语，并且这些专业术语能够反映该领域的研究现状；第二，在同一篇文章中，当不同的术语被使用时，则认为有一定的关系存在于这些不同的术语之间；第三，如果一对术语被足够多的作者在文章中使用，那么在这些作者所关注的研究领域，这对术语所表示的关系是具有特别意义的；第四，用以描述文章内容的关键词被经过培训的标引者所选择，可以用一些指标来确定一些相关的科学概念。[2]

（二）共作者分析法

1981 年，美国费城的德瑞克赛大学成为共作者分析法（author co-citation analysis，ACA）技术诞生的摇篮。[3] 共作者分析以作者作为共被

---

[1]　钟伟金、李佳：《共词分析法研究（一）——共词分析的过程与方式》，《情报杂志》2008 年第 5 期，第 70—72 页。

[2]　杨彦荣：《基于混合加权的共词分析方法研究》，2011 年西北农林科技大学硕士学位论文，第 5 页。

[3]　苑彬成、方曙、刘合艳：《作者共被引分析方法进展研究》，《图书情报工作》2009 年第 22 期，第 80—84 页。

引分析的计量单位,其基本原理是:当两个作者同时被第三篇文献引用,我们就称这两个作者存在共被引关系,若两个作者经常一起被引用,则表明他们在研究主题的概念、理论或方法上是相关的。共被引的次数越多,他们之间的关系就越密切,距离也就越近。[①] 它以映射图的方式使众多的作者按照共被引关系形成一个作者相关群,可以用来揭示学科专业人员的组织结构、联系程度,进而反映出学科专业之间的联系及其发展变化状况。

(三)共期刊分析法

共期刊分析法(journal co-citation analysis,JCA)以期刊作为共被引分析的计量单位,通过两种学术期刊的文献被其他学术期刊同时引用的频率来分析期刊之间的相互依赖和交叉关系。同时,期刊的相互引用说明了学科间知识的流动,可以使人们更好地理解和定量地解释学科的亲缘关系。[②]

(四)共文献分析法

共文献分析研究的始祖是 ISI 首席科学家斯莫尔。他受库恩范式理论的启发,通过对文献编码,记录每篇文献中的作者、关键词、从属关系、分类标题、参考文献等,尝试通过科学映射方法描述核物理学的科学结构及其随时间的演变历程。斯莫尔认为,高被引文献可能有着非同寻常的重要性,代表了特定的发现、方法,或者是引用作者所共同认可的概念;高被引文献间的强共引链也常常成为人们关注的焦点。[③]

三、共被引分析法的步骤

共被引分析法的详细步骤如图 2-4 所示。

----

① 邱均平、秦鹏飞:《基于作者共被引分析方法的知识图谱实证研究——以国内制浆造纸领域为例》,《情报理论与实践》2010 年第 10 期,第 53—57 页。

② 赵勇:《期刊共引分析及可视化实证研究——以图书情报学研究为例》,《图书与情报》2009 年第 3 期,第 89—94 页。

③ 耿海英、肖仙桃:《国外共引分析研究进展及发展趋势》,《情报杂志》2006 年第 12 期,第 68—69 页、第 72 页。

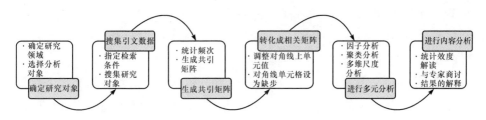

图 2-4　共被引分析法详细步骤

从图 2-4 可以看出，共被引分析法的主要步骤为：第一步，确定研究领域，根据确定的研究领域来选择分析对象；第二步，搜集引文数据，可以指定检索条件来搜集研究对象；第三步，统计频次，生成共引矩阵；第四步，转化成相关矩阵，可以采用调整对角线上单元值或者将对角线单元格设为缺步的方法来实现[①]；第五步，进行多元分析，采用因子分析、聚类分析和多维尺度分析等方法；第六步，进行内容分析，可以采用对统计效度解读、与专家商讨、对结果进行解释等来实现。

四、对共被引分析法的评价及其新走向

（一）对共被引分析法的评价

1. 共被引分析法的优点

第一，客观性；第二，分类原则的科学性；第三，数据的有效性。

2. 共被引分析法的不足

第一，共被引分析的数据搜集过程烦琐且费时，搜集好的数据还需要转化成统计工具或可视化工具所需要的形式，目前尚无专门的软件工具能够将此过程程序化。

第二，共被引分析法中，文献间的相似性主要采用 Salon 余弦测度或 Jaccard 系数测度，也有采用皮尔逊相关系数进行测度的。众多相似性计算方法中哪种更准确可靠，共被引分析中的原始矩阵是否还需转换为皮尔逊相关矩阵，这些还都有待商榷。

第三，共被引分析的数据源一般都只对文献的第一作者进行标引，

---

① 苑彬成、方曙、刘合艳：《作者共被引分析方法进展研究》，《图书情报工作》2009 年第 22 期，第 80—84 页。

为了方便起见,传统的 ACA 都是针对第一作者进行的共被引分析研究,但随着合著文献的日益增多,这种第一作者的共被引分析无疑会使分析结果在一定程度上失真。

第四,共被引分析进行科学前沿和热点分析时仅对高被引的文献进行聚类,而在一些新出现的研究领域,可能因为太新未被高被引而发生遗漏。[①]

(二)共被引分析法的新走向

1. 对共被引矩阵的新认识

首先,共被引矩阵对角线取值大小会影响相似性和非相似性测度的值,也必然会影响聚类分析和多维尺度分析的结果,建议用该文献(作者、期刊)与其他文献(作者、期刊)共被引频次的最大值+1 来表示共被引矩阵对角线取值。其次,将共被引矩阵直接输入 SPSS,同时在聚类分析和多维尺度分析中自动完成数据标准化和平方欧式距离(squared euclidean distance)测度转化。

2. 不断融入其他学科新的技术

共被引分析不断融入其他学科新的技术,如不仅借用多维尺度技术进行降维,而且还使用网络寻址定位(pathfinder network scaling, PFNETS)替代皮尔逊相关系数,引入自组织映射(self-organization map, SOM)技术、潜在语义索引(latent semantic indexing,LSI)技术等。[②]

3. 采用网络分析方法

越来越多的研究人员基于更大规模数据分析的要求,将 PFNETS 引入 ACA,采用社会网络分析软件(Pajek、Ucient、VxOrd、CiteSpace 等)直接使用共被引矩阵中的原始共被引数据,来生成可视化地图,逐渐将 ACA 推进到了网络分析阶段[③],使得结果更为可信。

---

① 苑彬成、方曙、刘合艳:《作者共被引分析方法进展研究》,《图书情报工作》2009 年第 22 期,第 80—84 页。

② 耿海英、肖仙桃:《国外共引分析研究进展及发展趋势》,《情报杂志》2006 年第 12 期,第 68—69 页、第 72 页。

③ 苑彬成、方曙、刘合艳:《作者共被引分析方法进展研究》,《图书情报工作》2009 年第 22 期,第 80—84 页。

延伸阅读 2-6：共被引分析法研究举例

郭文斌和张晨琛为了客观、准确地了解和把握我国融合教育研究的热点领域和发展趋势，利用 BICOMB 软件及 SPSS 20 软件对从中国知网中查询到的期刊年代限定为"2005—2016"的核心期刊，且主题包含"融合教育"或"全纳教育"的 846 篇有效文献进行了共关键词分析。首先，研究者抽取出了词频大于等于 8 的高频关键词 35 个；其次，研究者构建高频关键词的共词矩阵及矩阵转换；再次，进行聚类分析和多维尺度分析；最后，绘制出我国融合教育研究热点知识图谱并对其进行解释和分析。研究发现，我国融合教育研究热点主要围绕五个热点领域展开，具体包括：融合教育与教育改革研究；融合教育的现状与对策研究；国外融合教育启示研究；融合教育教师与课程研究；残疾人融合与终身教育研究。并在此基础上得出其发展呈现四大趋势：融合教育在教育改革中的作用愈显重要；融合教育教师日益引起关注；学前融合教育获得广泛关注；融合教育体系发展趋于本土化。[①]

第三节　多元统计分析法

本节主要介绍的多元统计分析法包括：聚类分析、主成分分析、因子分析和多维尺度分析。

一、聚类分析

（一）聚类分析概述

1. 聚类分析的含义

聚类分析指在没有先验知识的条件下，采用定量方法，根据事物本身所固有的特性的亲疏程度从数据分析的角度自动进行归类，对数据给

---

① 郭文斌、张晨琛：《我国融合教育热点领域及发展趋势研究》，《残疾人研究》2017 年第 3 期，第 63—69 页。

出一个更准确、细致的分类结果,是研究"物以类聚"的一种科学有效的方法。系统聚类是最常用的聚类分析,其基本思想是先将 N 个样品(或指标)各自看成一类,然后规定样品之间的距离和类与类之间的距离。开始时,每个样品自成一类,所以类与类之间的距离等于样品与样品之间的距离。先计算样品之间的距离,选择距离最小的一对并成一个新类,然后计算新类与其他类的距离,再将距离最近的两类合并,这样每次减少一类,直到所有样品都聚成一类为止。这一过程可用一张聚类图来描述,最后按不同的分类标准或原则得出不同的分类结果。[①] 各类别的内部具有较高的相似性,类别间则具有较大差异性。不同的研究者进行聚类分析时,由于目的和要求的差异,可能选择不同的统计量和聚类方法,因此聚类的结果允许有差异。[②]

2. 聚类分析的特点

第一,可伸缩性。聚类算法对小数据集和大规模数据有同样的效果。第二,具有处理不同类型属性数据的能力。实际应用要求算法能够处理不同类型的数据。第三,能发现任意形状的聚类。聚类特征的未知性决定聚类算法要能发现球形的、嵌套的、中空的等任意复杂形状和结构的聚类。第四,决定输入参数的领域知识最小化。聚类算法要尽可能地减少用户估计参数的最佳取值所需要的领域知识。第五,能够有效地处理噪声数据。聚类算法要能处理现实世界的数据库中普遍包含的孤立点、空缺或错误的数据。第六,对于输入记录的顺序不敏感。聚类算法对不同次序的记录输入应具有相同的聚类结果。第七,高维性。聚类算法不仅要擅长处理低维数据集,还要处理高维、数据可能稀疏和高度偏斜的数据集。第八,基于约束。聚类结果既要满足特定的约束,又要具有良好的聚类特性。第九,可解释性和可用性。聚类结果应该是可解释的、可理解和可用的。[③]

---

① 张明立、于秀林编著:《多元统计分析方法及程序——在体育科学中的应用》,北京体育学院出版社 1991 年版,第 113 页。

② 向东进、李宏伟、刘小雅编:《实用多元统计分析》,中国地质大学出版社 2005 年版,第 100 页。

③ 李明华、刘全、刘忠等:《数据挖掘中聚类算法的新发展》,《计算机应用研究》2008 年第 1 期,第 13—17 页。

（二）聚类分析的分类

第一，根据分类对象的不同分为 R 型聚类分析和 Q 型聚类分析。前者用于指标分类，主要对变量进行聚类；后者用于样品分类，主要对观测值进行聚类。

第二，根据聚类分析方法分为系统聚类（分层聚类）和非系统聚类（快速聚类、两步聚类）。系统聚类（分层聚类）适用于分类变量和连续变量，使用时不用确定分类数量。首先，每个点默认为一类；其次，把最近的两点合并为一类，把剩余的最近的两类合并成另一类；最后，不断重复，直至各类再无法进入其他大类为止。快速聚类也称为 K-means 聚类，快速聚类数不能大于数据文件中的观测量数目，但必须大于等于 2，而且变量必须是数值型变量。[①] 快速聚类运行一次只产生一个指定分类数量的聚类结果，适合大样本数据分析，要求研究者事先指定分类数量，然后根据指定数量分类确定各类的中心值，每类的分析过程如上述分层聚类分析过程。两步聚类分析适用于海量数据，不受数据类型约束，是一种较为智能化的聚类方法。首先，进行预聚类，将每个数据点同时纳入并构建和修改聚类特征树；其次，使用合并层次聚类法将预聚类分为指定的类。

（三）聚类分析的步骤

聚类分析的详细步骤见图 2-5。

从图 2-5 可以看出，聚类分析分为五步：第一步，对数据进行预处理；第二步，定义距离函数；第三步，采用最小距离原则聚类；第四步，对第三步输出的结果进行评价；第五步，如果对第四步评价结果满意则结束进程，反之，则继续第三步和第四步，直至满意为止。

---

① 杨彦荣：《基于混合加权的共词分析方法研究》，2011 年西北农林科技大学硕士学位论文，第 5 页。

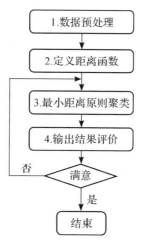

图 2-5　聚类分析的详细步骤

（四）对聚类分析的评价及其新走向

1. 对聚类分析的评价

（1）优点

结果的直观性和结论的简单明了性。

（2）缺点

首先，当样本量较大时，获得聚类分析结果具有一定的困难。其次，有时尽管聚类得出的结果表明数据间有紧密的联系，但实际上事物间并无任何内在联系。

2. 聚类分析的新走向

第一，基于群的聚类方法，按照进化技术主要采用蚁群算法（蚁群优化）或者粒子群算法（particle swarm optimization，PSO）进行聚类；第二，基于粒度的聚类方法；第三，基于模糊的聚类方法；第四，基于综合其他领域的聚类方法。①

---

①　李明华、刘全、刘忠等：《数据挖掘中聚类算法的新发展》，《计算机应用研究》2008 年第 1 期，第 13—17 页。

二、主成分分析

(一)主成分分析概述

1. 主成分分析的含义

主成分分析(principal components analysis,PCA)也称主分量分析,指把多个变量(指标)化为少数几个综合变量(综合指标)的一种统计方法。它是一种降维方法,通过找出几个综合变量来代表原来众多的变量,尽可能地反映原来所有变量的信息量,而且彼此之间互不相关,从而达到简化的目的。[①] 也就是说,要在力保数据信息丢失最少的原则下,对高维变量空间进行降维处理。[②] 在实际问题中,不仅不同指标数量较多,而且各个指标间还具有一定的相关性,必须采用主成分分析设法将原来的指标重新组合成一组新的互相无关的较少的几个综合指标(主成分)来反映原来指标的信息。如果原来有 M 个变量,可以选择少于 M 个的主成分来尽可能多地反映原来 M 个变量的变化,但最多仅能选择 M 个主成分来完全反映原来全部变量的变化。主成分分析可以消除原始变量之间的多重共线性问题,压缩变量个数,克服因采用原始变量数据所带来的运算不稳定、矩阵病态等问题。

2. 主成分的特点

第一,主成分是原变量的线性组合;第二,各个主成分之间互不相关;第三,主成分按照方差从大到小依次排列,第一主成分对应最大的方差(特征值);第四,每个主成分的均值为 0,其方差为协方差阵对应的特征值;第五,不同的主成分轴(载荷轴)之间相互正交。[③]

(二)主成分的求解方法

主成分的求解可以采用从协方差阵出发和相关阵出发两种方法。

[①] 唐启义、冯明光:《实用统计分析及其 DPS 数据处理系统》,科学出版社 2002 年版,第 333—372 页。

[②] 任若恩、王惠文:《多元统计数据分析——理论、方法、实例》,国防工业出版社 1997 年版,第 333—372 页。

[③] 赵悦超:《基于主成分分析的河流水环境质量评价》,《农业与技术》2015 年第 35 期,第 246 页。

在实际研究中,当总体协方差阵与相关阵未知时,可以通过样本数据进行估计。但需要注意的是:第一,当协方差阵和相关阵求解的主成分结果不一致时,要恰当地选取某一种方法。第二,对于度量单位或是取值范围在同量级的数据,可直接求协方差阵;反之,应考虑将数据标准化,再由协方差阵求主成分。第三,在选取初始变量进入分析时应该特别注意原始变量是否存在多重共线性的问题(最小特征根接近于零,说明存在多重共线性问题)。①

(三)主成分分析的步骤

进行主成分分析的主要步骤为:第一步,原始指标数据的标准化;第二步,对标准化阵求相关系数矩阵,进行指标间的相关性判定;第三步,解相关矩阵 R 的特征方程,确定主成分个数(主要依据累积贡献率大小、特征根值>1.0、碎石图);第四步,确定主成分的表达式及其命名;第五步,对主成分进行综合评价。

(四)对主成分分析的评价及其新走向

1. 对主成分分析的评价
(1)优点

首先,通过降维技术用少数几个综合变量来代替原始多个变量,不仅减少了指标选择的工作量,提升了工作效率,而且还不会漏掉关键指标影响评估结果。其次,可以消除原始多个变量间的共线性相关,使评价结果更加科学。最后,侧重于信息贡献影响力的综合评价,能直观、有效地反映指标之间的贡献大小。

(2)缺点

首先,既要保证所提取的前几个主成分的累积贡献率达到一个较高的水平(在统计学中,一般认为主成分的累积贡献率达到 85% 以上,少数几个主成分就可以代表原来多个指标的绝大部分信息),又要保证对这些被提取的主成分必须都能够给出符合实际背景和意义的解释,现实中

---

① 项泾渭、傅德印:《基于 SPSS 的二次开发直接求解主成分》,《统计研究》2006 年第 4 期,第 73—75 页。

较为困难;其次,主成分的解释一般多多少少会带有模糊性,不像原始变量的含义那么清楚、确切;最后,当主成分的因子负荷的符号有正有负时,综合评价函数的意义难以明确。[①]

　　2. 主成分分析的新走向

　　第一,采用均值化的处理方法处理原始数据再做主成分分析,可以有效解决数据标准化造成指标信息丢失的问题。[②] 第二,改进了主成分个数的确定方法为:变量与主成分的相关阵达到更好的简单结构,主成分与变量显著相关。明确主成分进行正向条件。[③] 第三,采用一种高斯分布函数作为加权函数,突出对识别起关键作用的特征,形成了新的加权核主成分分析方法。[④]

三、因子分析

(一)因子分析概述

1. 因子分析的含义

因子分析(factor analysis)是主成分分析的推广,是采用降维方法,从研究原始变量相关矩阵内部结构出发,把一些具有错综复杂关系的变量归结为少数几个综合因子的一种多元统计分析方法。[⑤] 比如,为了充分了解网络学习空间大学生的学习投入现状,将问卷中的 19 道题目分为行为投入、情感投入、认知投入、交互投入四个因子。[⑥] 因子分析的基本出发点是:将原始指标综合为较少的没有相关性的指标,这些指标能够

　　① 李新蕊:《主成分分析、因子分析、聚类分析的比较与应用》,《山东教育学院学报》2007 年第 6 期,第 23—26 页。

　　② 孙刘平、钱吴永:《基于主成分分析法的综合评价方法的改进》,《数学的实践与认识》2009 年第 18 期,第 15—20 页。

　　③ 林海明、杜子芳:《主成分分析评估指数的构造条件和案例》,《21 世纪数量经济学》2013 年第 00 期,第 111—121 页。

　　④ 马文青:《一种加权核主成分分析及其相关参数的选取》,2009 年大连海事大学硕士学位论文,第 43 页。

　　⑤ 李健生:《"引文分析法"质疑》,《图书情报工作》1992 年第 5 期,第 41—45 页、第 57 页。

　　⑥ 郭文斌、苏蒙:《网络学习空间教师支持对大学生学习投入的影响研究——基于学业自我效能感的中介作用》,《教育理论与实践》2021 年第 30 期,第 50—54 页。

反映原始指标的绝大部分信息（通常选取累积方差贡献率大于85％的特征根个数为因子个数）。人们可以根据因子得分值，在因子轴所构成的空间中把变量点画出来，形象直观地达到分类的目的。通常因子分析是对原始的相关矩阵进行分析，参与因子分析变量的数目应该小于观测量数目的1/5，变量必须是比率尺度的数值型变量或等间隔尺度的数值型变量，而且因子分析要求数据正态分布。[①] 因子分析一般用于解决共线性问题、评价问卷的结构效度、寻找变量间潜在的结构以及内在结构证实。

2. 因子分析的特点

第一，综合出的因子是原变量的重新构造，是对隐藏在表象背后的潜在因子的分析、挖掘；第二，因子个数远远少于原有变量个数，但能够反映原有变量的绝大部分信息；第三，因子之间不存在线性相关性；第四，因子可命名解释。

（二）因子分析的类型

因子分析分为R型和Q型两种类型。[②] R型因子分析研究变量之间的相关关系，通过变量的相关系数矩阵内部结构的研究，找出控制着所有变量的几个主因子（主成分）。Q型因子分析研究样品之间控制着所有样品的几个主要因素，通过样品的相似系数矩阵内部结构的研究找出主因子，这两种分析的全部运算过程实质上是一样的，只不过出发点不同，R型从相关系数矩阵出发，Q型从相似系数矩阵出发，对同一批观测数据，可以根据其所要求的目的决定用哪一类型的分析。

（三）因子分析的步骤

因子分析有四个详细步骤：第一步，因子分析的前提条件分析，确认原始变量间是否存在较强的相关关系（相关系数矩阵系数大于0.3），KMO经验是否适合进行因子分析（0.9以上非常适合；0.8～0.9适合；

---

① 杨彦荣：《基于混合加权的共词分析方法研究》，2011年西北农林科技大学硕士学位论文，第5页。

② 唐启义、冯明光：《实用统计分析及其DPS数据处理系统》，科学出版社2002年版，第333—372页。

0.7～0.8 一般；0.6～0.7 尚可；0.5～0.6 不太适合；0.5 以下极不适合）；第二步，因子提取操作；第三步，利用旋转方法使因子变量具有可命名和可解释性；第四步，计算各个样本的因子得分。

（四）对因子分析的评价及其新走向

1. 对因子分析的评价

（1）优点

第一，根据原始变量的信息而非将原有变量进行重新组合，构建影响变量的共同因子，达成数据的简化；第二，通过旋转使得因子变量更具有可解释性，命名清晰性高。

（2）不足

第一，采用最小二乘法计算因子得分时，有时可能会失效；第二，不同研究者根据自身研究需要，对同一原始数据可能会得出不同的分析结果。

2. 因子分析的新走向

第一，以主成分分析理论为基础，应用矩阵运算方法，消除理论假设的误差，使因子分析精确度进一步提高。[①] 第二，使用 Logistic 概率模型进行因子分析，不仅具有较强的预测功能，而且在操作性和实用性等方面有较为明显的优势。[②]

四、多维尺度分析

（一）多维尺度分析概述

1. 多维尺度分析的含义

多维尺度分析（multi dimensional scaling，MDS）又称多维量表分析，MDS 将一组个体间的相异数据转换成空间构图，且保留原始数据的相对关系。多维尺度分析依据需要分析对象的变量，把对象映射到一个特定的空间位置上，通过分析对象位置间的距离，可以揭示对象间的亲疏关系。

[①]　林海明：《因子分析精确模型及其解》，《统计与决策》2006 年第 14 期，第 4—5 页。

[②]　张颖、马玉林：《基于因子分析的 Logistic 违约概率模型》，《桂林理工大学学报》2010 年第 1 期，第 174—178 页。

多维尺度分析结果中,被分析的对象是以点状分布的,分析对象之间的相似性可以由每个点的位置反映出来,有高度相似性的对象聚集在一起,形成一个类别。越是核心的对象越处于类的中间。根据分析的结果,对象在学科内某研究领域或思想流派的位置就容易判断。①

2. 多维尺度分析的特点

第一,多维尺度分析对数据有要求:如果数据为多元变量,可以为计数数据、等间隔数据或者二分数据;如果为不相似数据,则必须使用相同计量单位或为数值型数据。但是,多维尺度对数据的分布假设没有严格要求。② 第二,可以直观地以点与点距离远近方式来展示研究对象之间的相似性和相异性。第三,可以揭示影响研究对象相似性和相异性的未知变量-因子-维度。

(二)多维尺度分析的类型

第一,根据数据类型的不同,多维尺度分析可以分为度量多维尺度分析和非度量多维尺度分析,前者分析对象为以相对距离表达的实际数值,后者分析对象为以顺序计量的数值。

第二,根据反映邻近的测量方式不同,多维尺度分析可以分为相似性分析和差异性分析。相似性的数值越大对应着研究对象越相似;差异性数值越大则反之。邻近数据的获取既可以通过直接测量(距离)获取,也可以通过计算(变量间的相关系数)获得。③

(三)多维尺度分析的步骤

多维尺度分析的详细步骤如图 2-6 所示。

从图 2-6 可以看出,多维尺度分析有五个步骤:第一步,确定研究问题。第二步,获取数据,并将数据确定形式后进行输入。第三步,明确算法、维度以及坐标结构等各个方面条件,运行 MDS。第四步,从压力系数

---

① 张勤、马费城:《国外知识管理研究范式——以共词分析为方法》,《管理科学学报》2007 年第 6 期,第 65—74 页。

② 张文彤主编:《SPSS统计分析高级教程》,高等教育出版社 2004 年版,第 313 页。

③ 王凯旋:《结构效度的因素分析和多维尺度分析比较》,《贵州师范大学学报(自然科学版)》2014 年第 1 期,第 20—24 页。

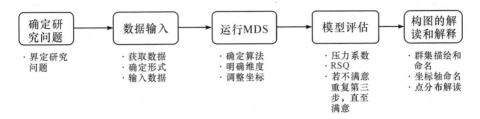

图 2-6 多维尺度分析的详细步骤

(stress＝0.20,拟合优度差；stress＝0.10,拟合优度一般；stress＝0.05,拟合优度好；stress＝0.025,拟合优度很好；stress＝0.00,拟合优度完美[①])、RSQ(拟合指数,0.6以上可以接受[②])评价模型,如果不满意模型,可以再次调整各个运行参数,重新产生新模型,直至满意为止。第五步,对构图从群集描绘和命名、坐标轴命名、点分布解读等方面进行解读和解释。

(四)对多维尺度分析的评价及其新走向

1. 对多维尺度分析的评价
(1)优点

第一,事先对所分析的数据分布形态没有要求,不受限制;第二,通过呈现的低维空间(二维或三维空间)感知图,可以根据研究对象所处的空间位置距离远近评定其相似或者相异程度;第三,可以将一个 P 维度的资料表示在 R 维度的空间($R \leqslant P$),来构建 N 个资料点的构图。

(2)不足

第一,资料的收集和录入比较耗费时间;第二,多维尺度分析的解不是唯一的,在正交(旋转、平移)变换下有可变性,即使距离模型拟合非常好,输出的感知图也可能与通常感受的有较大的差别,增加了感知图解释和命名的难度;第三,无法提供因子的比重,导致难以确定各领域的边

---

① 耿海英、肖仙桃:《国外共引分析研究进展及发展趋势》,《情报杂志》2006 年第 12 期,第 68—69 页、第 72 页。

② 靖新巧、赵守盈:《多维尺度的效度和结构信度评述》,《中国考试》2008 年第 1 期,第 40—44 页。

界和包含的数目,很难发现不同指标的影响程度。[1]

2. 多维尺度分析的新走向

第一,在贝叶斯多维尺度分析的基础上,将多维尺度的本质低维维数决定问题视作模型选择问题。在贝叶斯框架下提出一种可逆转跳马尔可夫链蒙特卡罗(RJMCMC)的算法,能在形成多维尺度分析的低维主坐标的同时决定本质维数。[2] 第二,采用改进的数据结构:主树由金字塔层级结构规则分割的区域四叉树索引结构变形而来;具有支持多维数据的重叠子树结构;利用树的深度反映空间分辨率的变化;主树的所有节点均为空间对象载体,子树的节点为多维数据单元,能对 WebGIS 中海量多维空间数据进行有效的多尺度表达与检索。[3]

延伸阅读 2-7:因子分析法研究举例

谢方露、汤永隆、甘妮娜等在编制适用于我国成年异性恋男性的伴侣暴力态度量表(MIPVAS)时,对该问卷进行了探索性因子分析,发现 KMO 的值为 0.96,Bartlett 球形检验的值为 $\chi^2 = 13312.06$,$P < 0.001$,说明数据适合做探索性因子分析。采用主成分分析,Promax 斜交旋转,根据以下标准删除条目:共同度小于 0.30、因子负荷小于 0.50、同时在两个因子上负荷大于 0.40、条目数小于 3 的因子。最后,根据条目内容与所在维度的关系进行删减。经过多次探索性因子分析后,删除条目 1、5、7、13、25、29,最终保留 23 个条目,得到四个因子,累积方差解释率为 72.55%。根据量表编制的构想与条目的含义,将四个因子分别命名为性暴力态度(7 个条目)、精神暴力态度(5 个条目)、身体暴力态度(6 个条目)、控制行为态度(5 个条目)。在此基础上,采用最大似然法,利用验证性因子分析,验证量表的结构效度。研究将四因子结构、把控制行为态度纳入精神暴力态度后的三因子结构、单因子结构三种情况的拟合指数进行对比,模型拟合指标结果表明四因子结构拟合更好,各条目在其所

---

[1]　张文彤主编:《SPSS 统计分析高级教程》,高等教育出版社 2004 年版。

[2]　卿湘运、王行愚:《基于 RJMCMC 的多维尺度分析维数选择》,中国自动化学会控制理论专业委员会:《第二十六届中国控制会议论文集》,2007 年。

[3]　吕智涵、马瑞娜、房经宝等:《WebGIS 中多维空间数据多尺度表达索引结构》,《计算机应用研究》2010 年第 9 期,第 3395—3398 页。

属因子上的标准化因子负荷为 0.53～0.88。表明四因子的量表结构效度优于三因子结构和单因子结构。[1]

第四节　词频分析法

一、词频分析法概述

(一)词

词由语素构成,是文献中承载学术概念的最小单位。确定词的一般方法为:第一,能单说;第二,虽不能单说,但在一般场合能用作句法成分的最小语言单位;第三,把语句中所有用作句法成分的单位剔除,剩下来的虽然在对话条件下不能单说,但也不能看作句中某个词的一部分;第四,隔开法,中间不能插入字。[2]

(二)词频

词频指词的频率,即词在一定的语料中出现的次数。词频的波动与社会现象、情报现象之间具有内在的关系,一定的社会现象和情报现象必然引起相应的词频波动现象。[3]

(三)词频分析法

词频分析法是文献计量方法中的定性分析法,通过分析某一研究领域文献中的词出现的频次高低,可以确定该领域发展动向和研究热点。[4]

---

① 谢方露、汤永隆、甘妮娜等:《成年男性伴侣暴力态度量表的编制》,《中国心理卫生杂志》2022 年第 10 期,第 898—904 页。

② 黄伯荣、廖序东:《现代汉语(增订四版)》,高等教育出版社 2007 年版,第 218—219 页。

③ 邓珞华:《词频分析》,《武汉大学学报(社会科学版)》1987 年第 1 期,第 113—120 页。

④ 马费成、张勤:《国内外知识管理研究热点——基于词频的统计分析》,《情报学报》2006 年第 2 期,第 163—171 页。

词频分析法作为一种透过现象看本质的科学研究方法,克服了传统文献综述方法过于依赖定性的总结描述、难以摆脱个人经验和主观偏好、无法深入揭示文献隐含的深层次内容等弊端,具有客观、准确、系统、实用等特点,因而被广泛用于揭示我国各学科领域的发展动态。[①] 在共词分析中经常同时使用词频分析和共词聚类,在文献学分析中也经常使用词频分析法,通常在分析过程中,把二者进行有机的结合,使之取长补短,发挥各自优势,做到定性与定量充分结合,有利于提高计量结果的准确性与可信度。

二、词频分析法的类型

根据词频分析法采用的对象不同可以将其分为关键词词频分析法、主题词词频分析法和篇名词频分析法等。

(一)关键词词频分析法

关键词是表达文献主题概念的自然语言词汇,是文章内容的浓缩和提炼,虽然关键词在一篇学术论文中所占的篇幅很小,往往只有三五个词,却是论文内容的核心与精髓,是作者学术思想及学术观点的高度概括和凝练,能够反映文献的核心内容[②],因此,如果某一关键词在其所在领域的文献中反复出现,则可反映出该关键词所表征的研究主题是该领域的研究热点。这一方法在实际应用中,可以根据某一研究领域内所有关键词在相应领域的文献中出现的频次来确定研究热点,也可以选取某一研究领域中比较有代表性的学科刊物作为研究样本,通过分析这些样本所有关键词在某一时间段内出现的频次,根据关键词频次的高低确定该领域该时间段的研究热点。由于学科刊物能广泛和及时地反映本学科关心的各种问题包括新的观点和前沿动态,因此这种方法有重要的现

---

① 张勤:《词频分析法在学科发展动态研究中的应用综述》,《图书情报知识》2011 年第 2 期,第 95—98 页、第 128 页。

② 荆树蓉、赵大良、葛赵青等:《科技文献词频评价法的构建思路》,《编辑学报》2012 年第 1 期,第 94—96 页。

实意义。[①]

(二)主题词词频分析法

主题词又称叙词,是指在标引和检索中用以表达文献主题的规范化的词或词组。主题词表是将标引人员和检索用户的自然语言转换成规范化语言的一种术语控制工具,同时又是概括多门类或某一学科领域并由语义相关、族性相关的术语组成的规范化的动态词典。[②] 它保证了标引人员和检索用户在用词上的一致性,通过体系结构、参见系统体现主题词之间的等级关系、相关关系及等同关系,从而提高检索的查全率和查准率。因此,如果某一主题词在其所在领域的文献中反复出现,则可反映出该主题词是该领域的研究热点。

(三)篇名词频分析法

篇名是指文献的具体名字。篇名通常具有新颖、简明、具体等特点,在检索中用以概括文章的主要内容。因此,如果文献篇名中的词汇在其所在领域反复出现,则可以反映出该篇名中的词汇是该领域的研究热点或常用专业词汇。

三、词频分析法的步骤

词频分析法的具体步骤见图 2-7。

从图 2-7 可以看出,词频分析法有四个具体步骤:第一步,准备阶段,进行文献的查找,筛选出有效词;第二步,初步分析,对选取出来的有效词进行初步排序,标准化有效词;第三步,词频统计,对标准化后的有效词进行分类汇总、词频排序;第四步,结果解读,提取分析领域高频关键词,预测该领域未来的变化趋势。

---

① 李军:《基于词频分析法的国内教育技术学研究热点的研究》,《现代情报》2010 年第 8 期,第 131—134 页。

② 钱庆、胡铁军、李丹亚等:《中国生物医学文献主题标引系统的研究》,《医学情报工作》2002 年第 2 期,第 84—86 页。

·查找文献 ·筛选出有效词	准备阶段
·初步排序 ·标准化有效词	初步分析
·分类汇总 ·词频排序	词频统计
·提取高频词 ·预测变化趋势	结果解读

图 2-7 词频分析法的具体步骤

四、对词频分析法的评价及其新进展

（一）对词频分析法的评价

1. 优点

第一，研究结果具有一定的客观性；第二，可以经济、快速地从大量文献中筛选出所需要的重点内容；第三，可以较为准确地预测出所关注领域的新观点和前沿动态。

2. 不足

第一，前期的数据录入和统计工作既关键又烦琐，虽然有相关的软件工具可帮助数据录入和分词的半自动化处理，但研究工具尚有待于进一步改进和完善；第二，词频分析法理论研究较为欠缺；第三，词频分析法抽取文献样本时，取样规模大小、选取的时间长短和选取领域的大小基本上都是由作者自行决定，带有较强的主观色彩，存在热点词反映不出研究的创新情况的风险。

（二）词频分析法的新进展

第一，进一步细分、筛选关键词和篇名，选择能够代表研究主题的词汇作为统计对象。[1]

第二，选用多种计算方法来准确客观地揭示词频波动规律。比如，

---

[1] 化柏林：《图书情报学核心期刊论文关键词计量分析研究（上）》，《情报科学》2007年第5期，第699—703页。

以关键词各年出现的频次除以当年的文献总数量来判断其增长或衰减情况;采用 Z 分数标准化词频统计;等等。[①]

第三,分析文献摘要中词汇的频次或者分析文献全文的词频。[②]

第四,将词频分析法与共词分析法、引文分析法、共被引分析法等研究方法进行有机结合,并将分析结果与专家的预测相互参照、验证,进一步提高研究结论的精确度、可信度。[③]

延伸阅读 2-8:词频分析法研究举例

郭文斌从 CNKI 总库查找文献,限制检索条件为:时间为"1990—2016 年"、期刊来源为"核心期刊"、主题词定义为"亲子关系",共查询到有效文献 1731 篇。研究者按照频次大于等于 23 次的标准找寻出了前 20 位高频关键词,并用文字写明了前 20 位高频关键词依次为:亲子关系(626)、家庭教育(147)、青少年(62)、心理健康(59)、亲子鉴定(53)、儿童(49)、家庭(44)、学生(41)、留守儿童(39)、教养方式(39)、影响因素(33)、家庭关系(30)、夫妻关系(30)、同伴关系(28)、教育方式(27)、家长教育(26)、父母教养方式(25)、儿童发展(24)、学校教育(24)、师生关系(23)。[④] 通过对高频关键词的简单排序,可以初步发现研究的热点和趋势。

---

① 苍宏宇、谭宗颖:《国内外信息检索研究热点分析——基于 ZScore 标准化的词频》,《图书馆建设》2009 年第 1 期,第 93—98 页。

② 黄晓斌、梁颖殷:《从 ASIS&T 年会主题看情报学研究的热点及发展》,《情报理论与实践》2009 年第 1 期,第 6—9 页。

③ 张勤:《词频分析法在学科发展动态研究中的应用综述》,《图书情报知识》2011 年第 2 期,第 95—98 页、第 128 页。

④ 郭文斌:《亲子关系研究的热点领域构成及主题分布》,《西北师大学报(社会科学版)》2017 年第 6 期,第 133—139 页。

第五节　社会网络分析法

一、社会网络分析法概述

(一)网络的含义

网络由节点和连线构成,表示诸多对象及其相互联系。数学上,一般专指加权图;物理上,表示从某种相同类型的实际问题中抽象出来的模型;计算机领域中,网络是信息传输、接收、共享的虚拟平台,通过它把各个点、面、体的信息联系到一起,从而实现这些资源的共享。①

(二)网络社会的含义

网络社会有两大类含义:作为一种信息化社会的社会结构形态的网络社会(network society)和基于互联网技术的网络空间这一互动场域中的赛博社会(cyber society)。但二者均认可网络社会是在互联网架构的网络空间中产生的社会形式。②

(三)社会网络的含义

社会网络指的是社会行动者(actor)间的关系的集合。即,一个社会网络是由多个社会行动者以及各行动者之间的关系组成的集合。各个社会行动者就是社会网络中所说的"点",行动者之间的各种社会关系就是社会网络中的"边"。关系可以是有向的,也可以是无向的。③

---

① 程涛、张洋、James Haworth:《基于网络和图的时空智能——概念、方法和应用》,《测绘学报》2022 年第 1 期,第 1629—1639 页。

② 郑中玉、何明升:《网络社会的概念辨析》,《社会学研究》2004 年第 1 期,第 13—21 页。

③ 汤汇道:《社会网络分析法述评》,《学术界》2009 年第 3 期,第 205—208 页。

（四）社会网络分析的含义

社会网络分析（social network analysis，SNA）又称社会网或网络分析，是对社会网络中行为者之间的关系进行量化研究的一种具体工具。也就是说，社会网络分析是测量与调查社会系统中各部分（点）的特征与相互间的关系（连接），将其用网络的形式加以表示，进而分析其关系的模式与特征的理论、方法和技术。社会网络的形式化描述可分为社会关系网络图及社会关系矩阵。社会关系网络图可以直观地呈现社会网络成员间的关系。社会关系矩阵的表达形式比较规范，矩阵中的元素表示行为者之间的关系，适合于规模比较大的社会网络分析，有助于计算机进行存储及定量分析。

二、社会网络分析法的特点和涉及的基本概念

（一）社会网络分析法的特点

第一，对社会行动者之间的某种特定关系的结构研究；第二，建立在系统的数据基础上；第三，大大依赖于图论语言和技术；第四，应用数学模型、统计技术和计算机模拟。[①]

（二）社会网络分析法涉及的基本概念

社会网络分析法涉及的基本概念有：度数、密度、捷径、距离和关联图。[②]

1. 度数（nodal degree）

在社会网络图中，如果两个点由一条线相连，则称这两个点为"相邻的"。与某点相邻的那些点称为该点的"邻点"，这些邻点的个数称为该点的"度数"（nodal degree），也叫关联度。在无向网络中，一个点的度数就是与该点相连的线的条数。在有向网络中，点的度数分为点入度和点

---

① 钟琦、汪克夷：《基于社会网络分析法的组织知识网络及其优化》，《情报杂志》2008年第9期，第59—62页。

② 边燕杰、李煜：《中国城市家庭的社会网络资本》，《清华社会学评论》2001年第2期，第1—18页。

出度。一个点的点出度是网络中以该点为起点的有向边的数目,点入度是网络中以该点为终点的有向边的数目。

2. 密度(density)

密度是社会网络分析最常用的一种测度,是图论中一个得到广泛应用的概念。密度是网络中实际存在的关系数目与可能存在的最多关系数目之比。如果一个网络的密度为1,则意味着该网络中的每个点都和其他点相连;若该网络的密度为0,则反之。密度表达的是网络中点之间关系的紧密程度。对一个规模确定的网络来说,点之间的连线越多,则该图的密度越大。

3. 捷径(geodesics,或称"测地线")

捷径即两点之间最短的途径。

4. 距离(distance)

两点之间的捷径的长度叫作两点之间的距离。如果两点之间不存在途径,也不能通过其他点建立联系,则称两者间的距离无限。

5. 关联图(connected graph)

如果在一个网络图中,任何一对节点间都存在途径相连,则此图是关联图。反之,则称之为无关联图。

三、社会网络分析法的种类

社会网络分析法可以分为两类:一是自我中心社会网分析,探讨个体在网络中的联结与位置;二是整体社会网分析,探讨的是网络整体的构成与形态。①

(一)自我中心社会网分析

自我中心社会网分析侧重从关系角度分析知识交流的多少以及知识联结强度受哪些因素影响,它主要解决两个方面问题:一是个体与哪些人有某种特定关系,这种关系因研究内容而异;二是个体与他人这种特定关系的强弱程度,即联结强度是怎样的。对于组织内部知识网络,

---

① 钟琦、汪克夷:《基于社会网络分析法的组织知识网络及其优化》,《情报杂志》2008年第9期,第59—62页。

如果把组织成员作为网络节点,可以将以上两个问题分别表述为网络中节点之间的知识交流关系及网络中节点间的知识联结强度。

1. 网络中节点之间的知识交流关系

网络中节点之间的知识交流关系指组织中的某成员与其他哪些成员存在知识交流的关系。按照社会资本理论观点,在组织知识网络中,某一成员与越多其他成员存在知识交流关系,其获取知识资源的能力越强。但是,仅仅依靠知识交流关系的多少和个人网络规模大小无法准确衡量成员在网络中的地位和作用。成员在知识网络中的非冗余交流关系才是决定该成员在网络中地位的关键因素。冗余性联系指的是网络中那些信息和知识重复传递的联系。组织知识网络的效率和有效性往往取决于网络中非冗余性联系的数量。[①]

2. 网络中节点间的知识联结强度

网络中节点之间的知识联结强度指组织成员之间知识交流关系的强度如何描述,受哪些因素影响。联结强度分为强联结和弱联结。个体与其较为紧密联络的社会联系间形成的是强联结;个体与其不紧密联络或是间接联络的社会联系间形成的是弱联结。在组织知识网络中,表征成员间知识联结强度的维度分为:知识交流频率、关系类型、人际关系亲密程度、知识交流内容。知识交流频率越高,知识联结强度越大;人际关系越亲密,知识联结强度越大;知识交流的内容影响知识联结强度,一般来说交流的知识价值越高,则知识联结强度越大;关系类型的不同影响知识联结强度,一般来说正式职能关系比非正式人际关系的知识联结强度大。[②]

(二)整体社会网分析

整体社会网分析则从网络整体结构来分析网络特征对信息流动的作用,解决何种网络结构可以提高组织内部信息流动效率的问题,利用SNA实现对网络中团体及关键节点的识别。

---

① 边燕杰、李煜:《中国城市家庭的社会网络资本》,《清华社会学评论》2001年第2期,第1—18页。

② 钟琦、汪克夷:《基于社会网络分析法的组织知识网络及其优化》,《情报杂志》2008年第9期,第59—62页。

网络中某些行动者间的关系特别紧密，可以结合成一个次级团体时，就称为凝聚子群。分析网络中子群存在的数量、凝聚子群密度、子群内及子群间成员的关系特点等就称为凝聚子群分析。鉴于凝聚子群成员间关系紧密，有的学者形象地称其为"小团体分析"。凝聚子群密度主要衡量一个大的网络中小团体现象是否十分严重。最糟糕的情形是大团体很散漫，核心小团体却有高度内聚力。另外一种情况就是大团体中有许多内聚力很高的小团体，很可能就会出现小团体间相互斗争的现象。凝聚子群密度的取值范围为[－1，＋1]，该值越向＋1靠近，意味着派系林立的程度越大；该值越接近－1，则意味着派系林立的程度越小；该值越接近0，表明关系越趋向于随机分布，看不出派系林立的情形。①

识别关键节点是对网络中成员的重要度进行分析，即中心性分析。中心性是社会网络分析的重点之一。主要分析个人或组织在其社会网络中具有怎样的权力，或者说居于怎样的中心地位。中心性反映了成员在知识网络中所处的地位及权力影响，分为点度中心性和中间中心性。点度中心性反映节点与其他多少节点间存在着直接联系，把节点度大小作为衡量标准；而中间中心性则反映节点对其他节点之间进行联系的控制作用，用经过节点的最短路径数来衡量。个体的中心度（centrality）测量个体处于网络中心的程度，反映了该个体在网络中的重要性程度。因此一个网络中有多少个行动者（节点），就有多少个体中心度。除了计算网络中个体的中心度外，还可以计算整个网络的集中趋势（简称中心势）（centralization）。与个体中心度刻画的是个体特性不同，网络中心势刻画的是整个网络中各个点的差异性程度，因此一个网络只有一个中心势。② 网络具有过高或过低的中心性都不利于知识的共享和传播。基于SNA的中心性分析可以从定量的角度帮助识别知识网络中的关键角色和知识专家，同时也可识别网络中的边缘角色，有效防止知识流失。③

---

① 刘军：《整体网分析讲义——UCINET 软件应用》，第二届社会网与关系管理研讨会，哈尔滨工程大学社会学系，2007 年。

② 朱庆华、李亮：《社会网络分析法及其在情报学中的应用》，《情报理论与实践》2008年第 2 期，第 174 页、第 179—183 页。

③ 汤汇道：《社会网络分析法述评》，《学术界》2009 年第 3 期，第 205—208 页。

四、社会网络分析法的基本步骤

社会网络分析法的基本步骤如图 2-8 所示。

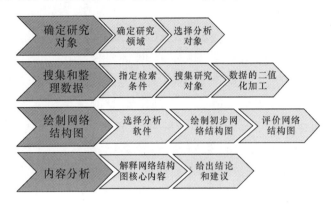

图 2-8　社会网络分析法的基本步骤

从图 2-8 可以看出,社会网络分析法包含四个步骤:第一步,通过确定研究领域和选择分析对象来确定研究对象;第二步,通过指定检索条件、搜集研究对象和数据的二值化加工来搜集和整理数据;第三步,绘制网络结构图,包括选择合适的社会网络分析软件、绘制和评价网络结构图;第四步,通过解释网络结构图核心内容、给出结论和建议完成对结构图的内容分析。

五、对社会网络分析法的评价及其新进展

(一)对社会网络分析法的评价

1. 优点

第一,放弃了传统的以个体为研究对象的原子论分析思路,关注个体间的关系,从群体的视角去解释个体行为。第二,网络分析者在社会关系的层次上将微观社会网和宏观的社会结构联结起来。[1] 第三,不仅可以较好地反映不同个体间的关系,而且还可以通过线条粗细展示它们

---

① 汤汇道:《社会网络分析法述评》,《学术界》2009 年第 3 期,第 205—208 页。

之间联系的强弱。① 第四,社会网络分析法已经从社会学和社会人类学领域扩展到越来越广泛的领域,帮助各领域进行学术成果和学术水平评价,并给出相应的网络优化建议。

2. 不足

第一,缺乏动因(agency)分析。离开行动者的动因,不仅无法理解网络对行动的意义,而且也无法解释某些网络现象。第二,动态分析不足。一种出色的社会分析,不能把社会结构看成是给定的,而必须能够说明它们的起源和持续。第三,轻视社会网络本身的嵌入性。社会网络不能被视为自我再生(self-reproducing)的地位和角色结构,它本身嵌入在制度、政治、文化等架构之中。第四,回避社会网络的文化内涵。虽然很难对偏重内涵的文化维度进行适宜的技术操作,但是,如果不考虑人类行为的象征方面和实质价值,网络只能是空洞的网络,充其量是一种没有灵魂的结构。②

(二)社会网络分析法的新进展

第一,按照后结构主义的思路扬弃和超越过分结构化的思路,强调社会网络的权变、动态思想,重视在个体主义和结构主义的研究范式之间建立连接。③

第二,互联网以及移动互联网的普及使人类的活动正以前所未有的广度和深度被及时记录、传输和存储,单纯利用传统信息科学的信息语义分析及信息传输理论,以及传统社会学网络模型及动态学理论,无法在 Web 社会网络条件下建立完整、有效的社会网络模型,应该重视 Web 社会网络的结构特性及动态演化机制、社会个体行为规律及信息传播的动力学特性。④

第三,利用主路径分析方法能够弥补引文编年图的不足,两者结合

---

① 罗家德:《社会网分析讲义》,社会科学文献出版社 2005 年版,第 96 页。

② 李林艳:《社会空间的另一种想象——社会网络分析的结构视野》,《社会学研究》2004 年第 3 期,第 64—75 页。

③④ 刘军:《法村社会支持网络——一个整体研究的视角》,社会科学文献出版社 2006 年版,第 37—38 页。

能够更好地揭示科学发展的主要过程。③

延伸阅读 2-9：社会网络分析法研究举例

　　胡泽文和崔静静为测度与揭示不同国家被引和未被引作者科研合作社区结构和规模特征演化，为作者选择科研社区与合作伙伴、挖掘合作关系、增强合作交流和探测合作社区主题提供一定的借鉴意义，采用中美英管理学领域 2000—2014 年的论文数据，全面计量分析了中美英被引和未被引作者合著网络的结构特征、科研社区规模与数量随作者数量阈值增加的演变特征及差异。结果发现中国（港澳台地区除外）被引和未被引作者科研社区结构和规模差异极小，形成了超级科研合作社区，而美英被引和未被引作者科研社区结构和规模差异较大，表明中国被引和未被引作者的科研合作偏好较为一致，倾向融入大规模科研社区进行科研合作。当作者数量阈值不断增大时，中美英被引作者科研合作网络中逐渐形成数量极少但规模较大的超级科研社区，以及数量众多的小规模科研社区，分布规律呈现出典型的马太效应，并且网络结构呈现出稳定且极小的变化。④

推荐进一步阅读文献

[1]秦长江：《两种方法构建的作者共引知识图谱的比较研究》，《情报科学》2010
年第 10 期，第 1558—1564 页。

[2]张勤、徐绪松：《共词分析法与可视化技术的结合揭示国外知识管理研究结
构》，《管理工程学报》2008 年第 4 期，第 30—35 页、第 50 页。

[3]吴国芹、卞卉：《博士学位论文外文引文分析——以南京航空航天大学航空
宇航学院为例》，《情报探索》2013 年第 1 期，第 47—50 页。

[4]李新蕊：《主成分分析、因子分析、聚类分析的比较与应用》，《山东教育学院
学报》2007 年第 6 期，第 23—26 页。

[5]刘璇、朱庆华、段宇锋：《社会网络分析法运用于科研团队发现和评价的实证

---

③　董克、刘德洪、江洪、肖宇锋：《基于主路径分析的 HistCite 结果改进研究》，《情报理论与实践》2011 年第 3 期，第 113—116 页。

④　胡泽文、崔静静：《中美英被引和未被引作者科研合作社区结构特征及差异分析》，《情报理论与实践》2022 年第 9 期，第 85—96 页。

研究》,《信息资源管理学报》2011 年第 3 期,第 32—37 页。

[6]张睿卿:《基于社会网络分析的公安微博影响力研究——以山东省为例》,《网络空间安全》2022 年第 4 期,第 86—94 页。

[7]徐新民:《国际成人教育研究的代表人物与学术团体——基于 Scopus 数据库中 8 种成人教育期刊作者共被引分析》,《成人教育》2022 年第 8 期,第 12—20 页。

[8]王福、李哲、刘俊华等:《近十年来竞争供应链研究热点及其演化——基于关键词共现和社会网络分析》,《供应链管理》2022 年第 8 期,第 5—19 页。

[9]赵雨:《国内近五年人工智能教育的研究热点及趋势——基于多维尺度和社会网络分析的方法》,《软件导刊》2022 第 6 期,第 236—241 页。

[10]翟云秋、程晋宽:《大学校长开学典礼致辞的教育价值——基于 36 所"世界一流大学"建设高校校长致辞的词频分析》,《江苏高教》2021 年第 6 期,第 42—50 页。

[11]于小艳、吴世勇:《40 年高等教育学学科研究:知识交流、扩散与更新——基于期刊共被引分析》,《教育理论与实践》2021 年第 15 期,第 8—13 页。

[12]宋歌:《共被引分析方法迭代创新路径研究》,《情报学报》2020 年第 1 期,第 12—24 页。

第三章　知识图谱应用软件介绍

知识图谱应用软件有 Bibexcel、Wordsmith Tools、Pajek、Ucient、CiteSpace、BICOMB 和 SPSS、HistCite 等。本章重点介绍 CiteSpace、BICOMB 和 HistCite 三种软件。

第一节　CiteSpace 介绍

一、CiteSpace 简况

（一）CiteSpace 的研发者

CiteSpace 是一款在科学文献中进行信息新趋势与新动态识别与可视化的 Java 应用程序，已成为信息分析领域中影响力较大的信息可视化软件。它能够使研究者很容易地对科学领域进行定量和定性的研究。它的研发开始于 2004 年 9 月 13 日，由美国德雷赛尔大学（费城）信息科学与技术学院的陈超美开发。

（二）CiteSpace 可获得地址

CiteSpace 的 CiteSpace 6.1.R3 版本（2022 年 6 月 9 日更新）详细信

息见图 3-1,免费下载网址为 https://CiteSpace.podia.com/。

CiteSpace 6.1.R3 (64-bit) Basic (Chinese Edition)	Windows 10 (CN/zh)	Java 17.0.2+8-LTS-86 (64-bit)
Built: September 2, 2022	Processors: 4	Java HotSpot(TM) 64-Bit Server VM
Expire: August 31, 2023	Host: DESKTOP-4279FDQ 111.18.245.237	Java Home: D:\runtime

图 3-1 CiteSpace 版本信息

(三)CiteSpace 的运行环境

CiteSpace 是基于 Java 的应用程序,它要求安装 JRE 18.0.1 或是更高版本作为运行环境。虽然它能够通过 PubMed 或大量的网络服务获取额外信息,但它也可以脱离互联网单独运行。一般而言,它输入的数据是从 Web of Science 下载的文献数据保存格式(ISI 输出格式)。它自带数据转换器,可将网络上保存的数据进行转换。

二、CiteSpace 的操作原理

CiteSpace 将学科演化建立在研究前沿和研究前沿知识基础间的时间变量双重性基础上,来分析知识领域内的新趋势。它使用户可以对某个领域进行瞬时"抓拍",然后将这些抓拍的图片连接起来,见图 3-2。

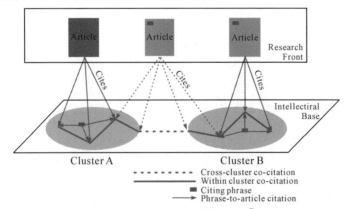

图 3-2 CiteSpace 的操作原理①

从图 3-2 可以看出,CiteSpace 主要通过研究前沿和研究前沿的知识

---

① 陈超美、陈悦、侯剑华等:《CiteSpace Ⅱ:科学文献中新趋势与新动态的识别与可视化》,《情报学报》2009 年第 3 期,第 401—421 页。

基础两个方面来展示分析结果。

（一）研究前沿

陈超美等认为，研究前沿强调新趋势和突变的特征，是时间变量映射的定义域。CiteSpace 采用"突发词检测"算法来确定研究前沿。基本原理是从题目、摘要、系索词（descriptors，指标引文献主题的单元词或词组）和文献记录的标识符中提取出突变专业术语（burst terms）。对这些术语在同一篇文章中共同出现的情况进行聚类分析，得到研究前沿术语的共现网络。[①] 换言之，研究前沿指临时形成的某个研究课题及其基础研究问题的概念组合，是正在兴起或突然涌现的理论趋势和新主题，代表一个研究领域的思想现状。[②] 突变检测算法识别突然涌现的专业术语，不受文章被引用次数多少的影响，即使在没有足够数量引文的情况下，它也可以将突然涌现的专业术语显示在知识图谱中。

（二）研究前沿的知识基础

研究前沿的知识基础指研究前沿在文献中的引用轨迹，属于映射的值域（co-domain），反映研究前沿中概念在科学文献中的吸收和利用知识的情况。[③] CiteSpace 采用对含有研究前沿的术语词汇的文章的引文同时被其他论文引用的情况进行同被引聚类分析（co-citation cluster analysis），形成被研究前沿引用的演进网络（知识基础文章的同被引网络）。简言之，CiteSpace 利用"研究前沿术语的共现""知识基础文章的同被引"和"研究前沿术语引用知识基础文章"三个网络[④]，以可视化的方式来展示研究热点及趋势随着时间变化的情况。

---

① 董立平：《两种信息可视化工具在学科知识领域应用的比较研究——人类干细胞文献分析》，2010 年中国医科大学硕士学位论文，第 22 页。

② 薛调：《国内图书馆学科知识服务领域演进路径、研究热点与前沿的可视化分析》，《图书情报工作》2012 年第 15 期，第 9—14 页。

③ 陈超美、陈悦、侯剑华等：《CiteSpace II：科学文献中新趋势与新动态的识别与可视化》，《情报学报》2009 年第 3 期，第 401—421 页。

④ 崔雷：《试一试，把 CiteSpace 再说明白些》，2010-01-22［2014-05-25］. http://blog. sciencenet. cn/blog-82196-289520. html.

三、CiteSpace 的主要功能

第一，不需要借助其他工具，不需要将原始数据转化为矩阵。数据来源多样，可以将 WOS 及 PubMed 等原始数据格式直接导入其中进行运算及作图。

第二，对于同一数据样本，可以进行多种参数设置，多种方式显示知识图谱，从多角度展现数据演化特征。

第三，以不同颜色标记节点和连线，还可以通过人机交互作用对其进行精简，清晰地展现文献数据随时间变化的脉络。

第四，彩色图谱中的节点彩色年轮可视图直观地呈现出各时间段的引证情况，非常容易解读。

第五，可通过连线的颜色选择来代表该连接共引次数最早达到所选择阈值的时间。①

四、CiteSpace 的操作步骤

CiteSpace 的操作步骤如图 3-3 所示。

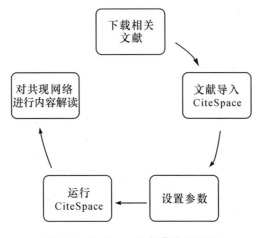

图 3-3　CiteSpace 的操作步骤流程

---

①　侯剑华:《工商管理学科演进与前沿热点的可视化分析》,2009 年大连理工大学博士学位论文,第 21 页。

从图 3-3 可以看出，CiteSpace 的操作主要分为五个步骤。

（一）下载相关文献

通常，CiteSpace 输入的数据是 ISI 的输出格式，即从 Web of Science 下载的文献数据保存格式。研究者从 Web of Science 中检索并以固定格式下载主要包括作者、题目、摘要和文献的引文等字段的文献记录。

（二）将下载文献导入 CiteSpace

将检索到的文献记录输入 CiteSpace 之后，它自身带有一个数据转换器，可以对从网络上下载的数据进行格式转换，不需要将下载的原始文献数据进行相关矩阵的转换。这节省了进行相关矩阵转化的复杂步骤和处理过程。系统会生成对文章标题、文摘和描述词的频率的初步统计结果。

（三）设置参数

CiteSpace 可以将输入的书目记录按设定的时间间隔进行分段，然后对每一时间段内的数据进行处理并形成网络。研究者可以根据自身需要选定要分析领域的总的时间段范围和分割后每一个时间片段的长度。

（四）运行 CiteSpace

运行 CiteSpace 对科学领域中的文献进行可视化分析。CiteSpace 将研究领域概念化成研究前沿和知识基础间的映射函数，在此基础上完成：研究前沿本质的识别、研究领域的标注、新趋势和突变的识别，得到研究前沿术语的共现网络、知识基础文章的同被引网络和研究前沿术语引用知识基础文章网络三种可视化的结果。[①] 借此发现科学领域的发展趋势和宏观变化。CiteSpace 可以将关键点的计算测量与可视属性合并，极大地减少用户在找寻知识结构中关键点时的负担。

（五）对共现网络进行内容解读

根据生成的彩色图谱中的节点彩色年轮、连线的颜色等进行引证情况和

---

① 崔雷：《试一试，把 CiteSpace 再说明白些》，2010-01-22［2014-05-25］. http://blog. sciencenet. cn/blog-82196-289520. html.

共引次数等的解读。为了验证解读结果是否准确,最好请教所研究领域的专家进行验证,如果缺失此步骤而仅仅依赖技术可能会导致对结果的误读。

延伸阅读 3-1:CiteSpace 应用研究举例

郭文斌和苏蒙以中国学术期刊网络出版总库为来源数据库,限制检索条件为:时间不限、主题为"研究生+教学模式",共检索到相关文献 3991 篇,剔除征稿启事等条目,共检索到有效文献 2442 篇。研究者对 2442 篇有效文献采用 CiteSpace 进行分析,结果认为:研究热点主要围绕专业学位研究生教学模式、研究生创新能力培养、研究生教学模式课程设置、研究生教学模式创新发展等四个方面展开;其演进趋势为研究生教学模式关注群体落实学术型与专业型协调并重发展、实践能力与创新精神是研究生教学模式改革贯穿如一的热点话题、课程设置逐渐成为研究生教学模式的源头思考问题。[①]

第二节　BICOMB 介绍

结合 BICOMB 和 SPSS 可以绘制知识图谱。鉴于大家对 SPSS 比较熟悉,而且绘制图谱时,主要是进行聚类分析和多维尺度分析(第二章有过介绍,第五章会做更详细的操作说明),这里暂不介绍 SPSS,仅对前者进行介绍。

一、BICOMB 简介

(一)BICOMB 的研发者

随着计算机网络技术的发展,越来越多的期刊网络版开始出现,各个学科研究的文献以爆炸式的增长速度开始呈现。传统手动检索和对文献的加工已经无法应对这些海量呈现的信息,而且对这些信息的加工

---

① 郭文斌、苏蒙:《我国研究生教学模式的研究热点及发展趋势——基于 2442 篇文献的 CiteSpace 可视化分析》,《伊犁师范学院学报》2021 年第 1 期,第 78—87 页。

也非常困难,急需对大量文献文本进行科学挖掘的工具。中国医科大学医学信息学系的崔雷教授正是意识到这样一种紧迫性,所以着手进行了BICOMB 软件系统的研发工作。BICOMB 是"书目共现分析系统"(bibliographic item co-occurrence matrix builder)的缩写,它受到我国卫生政策支持项目(HPSP)资助,由崔雷教授和沈阳市弘盛计算机技术有限公司协作研发。

(二)BICOMB 可获得地址

目前,网络上公布的 BICOMB 1.0 免费版本可以通过崔雷教授的科学网的博客来下载,具体网址为:https://skydrive. live. com/？cid＝3adcb3b569c0a509&id＝3ADCB3B569C0A509％211195。 BICOMB 2.0 免费版本可以通过 http://www. cmu. edu. cn/bc/menu1. html 获得。

(三)BICOMB 的运行环境

首先,要运行 bde-install 布置好环境;其次,软件系统的界面包含Flash 动画,要求操作系统中 Flash 版本在 Flash 8.0 以上;最后,安装并运行 BICOMB 即可。它的输入数据是从生物医学文献数据库(PubMed文献数据库)、科学引文索引(Science Citation Index,SCI)数据库的网络格式(Web of Science,WOS)和光盘格式(CD-ROM)以及中国知网(CNKI)中下载的文献数据保存格式。BICOMB 2.0 允许用户对系统功能进行修改、增加等拓展。

二、BICOMB 操作原理

BICOMB 采用目前技术成熟、流行的数据库语言开发,通过主题词链研究特定文献资料的内在联系。主题词链指两篇(或者多篇)文献有一个(或多个)相同的主题词,则这两篇(或多篇)文献或者其相应作者间必然存在一种潜在的联系。[①] BICOMB 可以通过对文献数据库中的文献信息的主题词链进行快速扫描,准确提取并归类存储、统计计算、矩阵生

---

① 崔雷、郑华川:《关于从 MEDLINE 数据库中进行知识抽取和挖掘的研究进展》,《情报学报》2003 年第 4 期,第 425—433 页。

成等,为进一步进行聚类分析、多维尺度分析和社会网络分析提供全面、准确的基础数据。

三、BICOMB 的主要功能

通过 BICOMB 的操作界面(见图 3-4)可以看到其主要具备四个方面的功能。

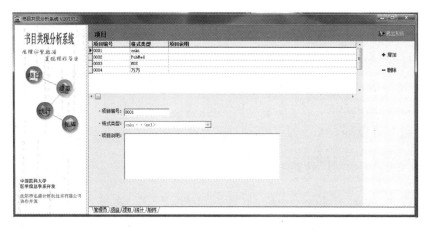

图 3-4　BICOMB 2.0 主界面

(一)文献项目的建立和管理

对导入 BICOMB 中的已经查阅到的文献进行项目编号,以及进行格式的选择或者添加项目说明。

(二)对文献中的信息进行提取

可以对文献中研究者感兴趣的关键词、作者、期刊、年限等要素进行指定并加以提取。

(三)对文献信息的统计

对从文献信息中提取出来的关键词、作者、期刊、年限等信息进行频次统计,可以选择抽取相应的高频主题词并导出,为后续分析提供材料信息。

（四）矩阵生成

对文献信息统计后的数据在统计基础上，生成共现矩阵或者词篇矩阵，可以选择将其导出，以供进一步进行聚类分析使用。

四、BICOMB 操作步骤

（一）下载文献

在下载输入 BICOMB 的文献数据信息时，必须按照软件的要求选择指定的文献记录格式（".xml"或".txt"）收集文献（详见第四章）。

（二）导入数据，进行文献统计处理

将收集到的符合格式要求的文献信息数据导入 BICOMB 系统后，可以分别进行抽取字段、频次统计和共现矩阵生成。抽取字段指研究者对收集到的文献信息，指定要分析的特定内容（如主题词、关键词、作者等）。频次统计指对抽取的字段内容统计其出现频次，研究者可根据自身需求确定频次分布阈值，截取要进一步分析的条目（如高频主题词、高频关键词、高产作者等）。共现矩阵生成指对截取出来的条目，根据它们在同一文献记录中共同出现的次数生成共现矩阵。[①]

延伸阅读 3-2：BICOMB 应用研究举例

郭文斌和张梁以中国学术期刊网络出版总库为来源数据库，限制检索条件为：主题词为"残疾人"并含"职业教育"，以及从属残疾人大类下的各类残疾群体，例如"盲人""智障生""聋生"等相关关键词分别并含"职业教育"的科研文献，检索控制条件中对文献的年代不限定，检索时间为 2018 年 5 月 15 日。去除会议纪实、会议评述、招聘启事、通知公告、学校简介等非规范性文献和重复文献后，共检索到有效文献 473 篇。在此基础上，对不同刊物来源的关键词的内容进行规范化处理，采用

---

① 崔雷：《书目共现分析系统使用说明书》，2014-01［2014-05-20］. http://www.cmu. edu.cn/bc/menu1.html.

BICOMB 共词分析软件对 473 篇文献呈现的标准化后的关键词进行排序,抽取出 23 个高频关键词。为了更好地探寻关键词之间的关系,研究者用 BICOMB 共词分析软件对 23 个高频关键词进行共词分析,生成词篇矩阵,用于随后的聚类和多维尺度分析。①

第三节　HistCite 介绍

一、HistCite 简况

（一）HistCite 的研发者

HistCite(history of cite,引文历史)是由加菲尔德博士和其科研团队于 2007 年 10 月 15 日研发出的一种引文编年化可视软件。研发该软件的目的是为广大的科研人员、各研究所和大学的科研管理部门和图书馆文献人员提供一种便捷的工具,指导他们如何从众多的科学文献资料中找出各个学科本身以及之间的研究历史轨迹、发展规律和未来趋势。②

（二）HistCite 可获得地址

通过 www. histcite. com 注册并进入软件主页面进行使用,也可以通过 https://support. clarivate. com/ScientificandAcademic Research/s/article/HistCite-No-longer-in-active-development-or-officially-supported?language＝en_US 来获取相关信息。

（三）HistCite 的运行环境

对系统运行环境没有特殊要求,但最好采用 IE 浏览器。如果无法运行,在 IE 的"属性—安全—本地 internet—站点—高级"栏目中把选用的

---

① 郭文斌、张梁:《残疾人职业教育研究热点及发展趋势》,《残疾人研究》第 2018 年第 3 期,第 57—65 页。

② 张月红:《HistCite——一个新的科学文献分析工具》,《中国科技期刊研究》2007 年第 6 期,第 1096 页。

HistCite 地址添加进去。

二、HistCite 操作原理

HistCite 根据文献计量学中的引文分析进行操作,对引文时序网络进行研究。主要是通过文献中引证事项的时间序列及联系,运用引文时序网络图展示某个研究主题的论文源流、最初作者以及该研究主题发展的来龙去脉,并从中探讨科学技术的历史和研究规律。[①]

三、HistCite 的主要功能

通过 HistCite 的操作界面(见图 3-5)可以看到其主要具备以下几个方面的功能。

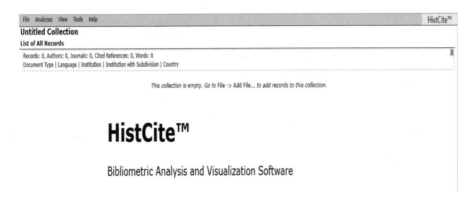

图 3-5　HistCite 的操作界面

(一)查询并导入原始引文数据

可以直接将从 SCI、SSCI 或 AHCI 数据库中套录保存下来的检索结果作为数据导入。

(二)计算文献信息并输出相关信息列表

HistCite 可以把文献节点按照年代、期刊名称、期刊卷期、期刊页码、作

---

① 　［美］尤金·加菲尔德:《引文索引法的理论及应用》,侯汉清等译,北京图书馆出版社 2004 年版,第 69—82 页。

者、数量等顺序排列并以列表的形式显示,在表中还列出每篇文献节点在整个 SCI、SSCI 或 AHCI 数据库中的被引频次(global citation score,GCS)以及在被处理的文献集合内的被引频次(local citation score,LCS)。

(三)提供集合外参考文献列表

由于受到数据库本身和用户个人检索策略的限制,研究者获取的文献集合不一定能全面反映该专题学科的研究情况。为了解决这一问题,HistCite 对检索到的文献集合中每条文献引用的参考文献进行了统计,并将其区分为文献集合内列表统计和文献集合外列表统计。对文献集合外的参考文献也给出引用的频次,供用户选择是否将其作为研究领域的专题,到原数据库中重新检索、下载重要文献,并将其追加到最初检索到的文献集合中。不断重复上述过程,可以帮助研究者提高文献查全率,使搜集到的关于某一学科专题的重要文献更加全面,有助于全面而客观地利用这些文献研究学科的历史。

(四)提供不符合实际的参考文献列表

由于疏漏或拼写错误等原因,文献作者提供的参考文献所在期刊的卷、期、页码可能会与实际不符。HistCite 可以通过计算比较,发现可能存在的与实际不符的参考文献,并将其列出来,同时指明其有可能是文献集合中哪一篇节点文献的,供用户选择是否有必要进一步核实,或者让系统自动改正。

(五)生成引文矩阵

HistCite 可以输出反映文献集合内各文献间的引用和被引用关系的引文矩阵,对每个文献节点都列出了它引用的文献集合内的文献节点序号及引用它的文献节点的序号。

(六)生成引文编年图

HistCite 可以根据用户自定的 GCS 或 LCS 的阈限值,选取文献集合中用户规定的阈值以上的文献,并根据时间先后顺序生成编年图。

四、HistCite 操作步骤

（一）输入文献记录信息

HistCite 输入的数据是 ISI 格式，即从 Web of Science 下载的文献数据保存格式。研究者从 Web of Science 中检索并以固定格式下载主要包括作者、题目、摘要和文献的引文等字段的文献记录。

（二）将下载文献导入 HistCite

将检索到的文献记录输入 HistCite 之后，系统会对文章标题、刊物和作者等信息的频率进行初步统计。

（三）核对参考文献信息

HistCite 可以将遗漏或者错误标识的参考文献以列表形式给出，研究者可以根据自身需要选定是否需要对这些参考文献进行重新核对或者补充。

（四）对文献进行统计处理和绘图

运行 HistCite 获取引文矩阵和引文编年图。

（五）解读编年图

HistCite 以椭圆图形的大小代表文献被引频次的多少，以带箭头的连线代表文献节点之间的引用关系，箭头指向的文献是被引用的文献，椭圆图形内所标数字指明该节点文献在文献集合中的序号。为了使这种图形显示更加形象化，系统对所生成的编年图还能以一种动态的形式在计算机显示屏上显示，即生成的图形以不同颜色的方块和连线代表文献节点及它们之间的引用关系。在计算机上显示时，当鼠标指针停留在图中某一方块上时，如果该文献节点既引用了图中其他文献节点，又同时被图中其他文献节点所引用，那么该方块将变成高亮度的具有红色粗框、内部为白色的方块，同时，被该文献直接引用的文献节点方块和它们与该文献之间的连线将变成绿色,而直接引用该文献的节点方块将变成蓝色。①

延伸阅读 3-3:HistCite 应用研究举例

张珂、厉萌萌和何明珠以 Web of Science 核心数据库和 CNKI 数据库为数据来源,检索年限设定为 2000 年 1 月 1 日至 2019 年 12 月 31 日。在 Web of Science 核心数据库中以"ecological stoichiometry"或"carbon nitrogen phosphorus stoichiometry"或"nitrogen phosphorus stoichiometry"为主题词,检索到关于生态化学计量学研究的论文共 2853 篇。在 CNKI 数据库中,以"生态化学计量"或"碳氮磷化学计量"或"氮磷化学计量"为主题词进行检索,结合人工筛选,检索到文献 1262 篇。研究者利用 CiteSpace 和 HistCite 文献计量方法,对 Web of Science 核心数据库和 CNKI 数据库中 2000—2019 年发表的生态化学计量学领域的文献进行探究,结果发现:(1)2000 年起,根据文献数量的分析结果,国内外对生态化学计量学的研究都经历了初期、发展和快速发展三个阶段;(2)按照论文被引频次高低,得出综述类文章起到了主要推动作用的结论;(3)分析了国际上对生态化学计量学的研究重点和热点的发展趋势。②

推荐进一步阅读文献

[1] 侯剑华、胡志刚:《CiteSpace 软件应用研究的回顾与展望》,《现代情报》2013 年第 4 期,第 99—103 页。

[2] Garfield E. HistCite Bibliographic Analysis and Visualization Software [2014-06-20]. http://garfield. library. upenn. edu/histcomp.

[3] 崔雷:《书目共现分析系统使用说明书》,2014-01[2014-05-20]. http://www. cmu. edu. cn/bc/menu1. html.

[4] 朱亮、赵瑞雪、寇远涛等:《基于 CiteSpace II 的"共引分析"领域知识图谱分析》,《现代情报》2012 年第 12 期,第 59—64 页。

---

① 李运景、侯汉清、斐新涌:《引文编年可视化软件 HistCite 介绍与评价》,《图书情报工作》2006 年第 12 期,第 135—138 页。

② 张珂、厉萌萌、何明珠:《基于 CiteSpace 和 HistCite 的生态化学计量学国内外文献特征与研究热点分析》,《生态科学》2021 年第 5 期,第 195—205 页。

[5]陈悦、陈超美、刘则渊等:《CiteSpace 知识图谱的方法论功能》,《科学学研究》2015 年第 2 期,第 242—253 页。

[6]刘光阳:《CiteSpace 国内应用的传播轨迹——基于 2006—2015 年跨库数据的统计与可视化分析》,《图书情报知识》2017 年第 2 期,第 60—74 页。

第四章 文献信息的查询和保存

随着数字化时代的到来,越来越多的文献信息可以通过计算机进行检索和保存,一般在教育研究中比较常用的文献数据库有 Web of Science 和 CNKI。

第一节 Web of Science 文献的查询和保存

一、Web of Science 简介

Web of Science 是 ISI 数据库中的引文索引数据库,共包括 8000 多种世界范围内最有影响力的、经过同行专家评审的高质量的期刊。它的网址是 http://www.isiknowledge.com,是美国 Thomson Scientific(汤姆森科技信息集团)基于 Web 开发的产品,是大型综合性、多学科、核心期刊引文索引数据库,包括三大引文数据库:科学引文索引(Science Citation Index,SCI)、社会科学引文索引(Social Sciences Citation Index,SSCI)和艺术与人文科学引文索引(Arts & Humanities Citation Index,A&HCI)。[①] 虽然,

---

① 程珊珊、李桂荣、全冉等:《基于 Web of Science 数据库的果树害虫文献计量学分析》,《果树学报》2021 年第 7 期,第 1163—1172 页。

Web of Science 有其缺点:依据关键词进行的主题检索,对查准率有一定的影响;要实现数据库分类检索功能需要进行大量的人工标引,对其使用有一定程度的影响。但是,其也有明显的优点:总库检索,保证查全率;通过标记,一次提供检索结果;网状连接,优势突出;为用户着想,以质量取胜。所以它还是获得了用户广泛的认可。

二、Web of Science 文献的查询

第一,进入网站:www. isiknowledge. com。

第二,选择 Web of Science 为指定的数据库。

第三,指定检索条件进行检索。

Web of Science 提供主题、作者、出版物名称、时间(见图 4-1)等多个条件供研究者进行选择,当研究者指定好检索条件后击右下角的"检索"按钮即可以开始正式的检索。等检索结果出现后,研究者可以根据自己的研究需要在网页左边再次指定研究领域进行检索结果简化处理。Web of Science 检索到的文献每页最多呈现 500 条。

图 4-1　Web of Science 供选择的检索条件

图 4-1 中研究者指定的检索条件是:以"inclusive education"(全纳教育)为主题,时间范围限定为 2010—2020 年。

三、Web of Science 文献的保存

（一）指定文献输出记录

在按照指定条件查询好的网页窗口中点击最上面的"添加到标记结果列表"，我们可以看到如图 4-2 所示的窗口：

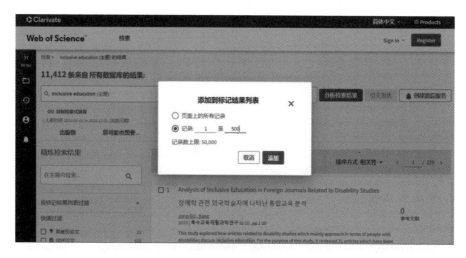

图 4-2　Web of Science 检索结果窗口示意

在图 4-2 所示的"添加到标记结果列表"对话框中选中第二行选项，在对话框里面空白处输入数字"1—500"（因为 Web of Science 每页最多呈现 500 条文献，因此如果文献数量大于 500，则需要进行多次保存。如果是第 2 次保存，则对话框中数字为 501—1000；第 3 次为 1001—1500；以此类推）。值得注意的是，真正完成上述步骤后，"标记结果列表"那里原来的数字"0"应该变为"500"（见图 4-3），才表示已经成功把 1—500 条文献添加了进来。

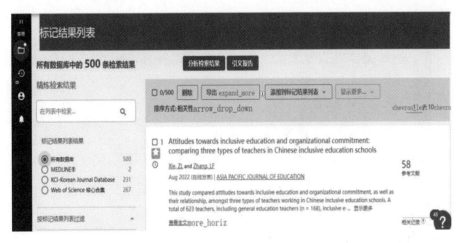

图 4-3　成功将 500 条文献记录导入的页面示意

(二)指定要输出的字段信息

首先,点击"导出"按钮,打开一个选项对话窗口(见图 4-4),在 10 个选项里面选择一种输出格式;其次,选择要输出记录的选项(见图 4-5),一次最多可选 1000 条;最后,点击"记录内容"下方的选择栏,选择要输出的字段对话窗口(见图 4-6),去掉默认的"ISSN/ISBN"前面的"√",在"作者""标题""来源出版物""被引频次计数""摘要""入藏号"前的空格

图 4-4　选择一个选项对话窗口示意

打"√"。

图 4-5　选择记录选项对话窗口示意

图 4-6　选择要输出的字段对话窗口示意

（三）文献信息的保存

点击"导出"按钮（见图 4-7），按照自己习惯指定存放路径和文件名称后,完成文献保存。

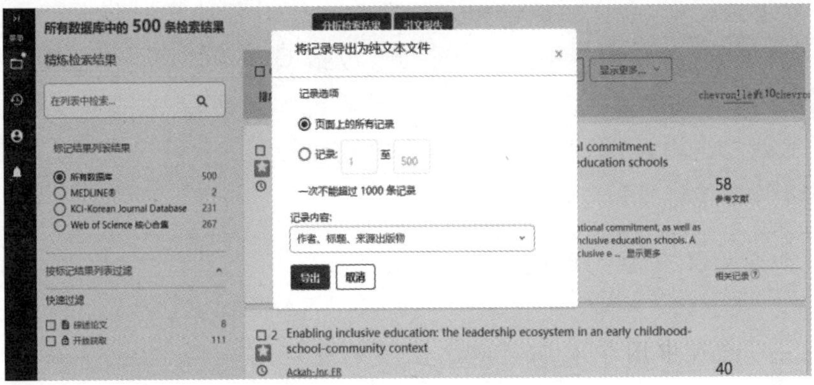

图 4-7 保存到文件按钮示意

(四)后续文献的选择和保存

要保存多于 1000 篇的文献信息,需要对查询结果的第 1000 条之后的文献信息进行保存操作。这个时候,需要在完成对前 1000 篇文献信息的保存后,再次点击"导出"按钮,将导出记录选项调整为"1001—2000",以此类推。

第二节 CNKI 文献的查询和保存

一、CNKI 简介

CNKI 是中国知识基础设施工程(China National Knowledge Infrastructure)的英文缩写,CNKI 亦可解读为"中国知网"(China National Knowledge Internet)的简称。CNKI 由中国学术期刊(光盘版)电子杂志社、清华同方知网(北京)技术有限公司主办,是基于"中国知识资源总库"的全球最大的中文知识门户网站,具有知识的整合、集散、出版和传播功能。CNKI 的特点在于:第一,制定了"CNKI 系列数据库产品标准",涉及从数据入编、加工到最后形成数据库产品的全过程,从数据源头、数据质量等方面为开展深入的知识挖掘提供了基础;第二,建设了"中国知识资源总库",包括期刊、学位论文、会议论文、报纸、年鉴、工具书等源数据库,在资源数量和完备性上为建设各种知识搜索产品提供了保证;第三,建设了各种知识库资源,包括 CNKI 知识词典、引文数据库、各种索引数据库、主题词词典等,对实现知识搜索、提高搜索性能起到了基础性作用。① 现在它已经成为世界上全文信息量规模最大的数字图书馆和全球最大的中文知识门户网站。

二、CNKI 文献的查询

（一）进入中国学术期刊网络出版总库网站

键入网址 https://kns.cnki.net/,进入中国学术期刊网络出版总库。

（二）指定检索条件

进入中国学术期刊网络出版总库的文献检索窗口（见图 4-8）后,研究者可以根据自身需要选择期刊时间范围、关键词、来源类别等条件限定检索标准。

图 4-8　中国学术期刊网络出版总库文献检索窗口

---

①　涂佳琪、杨新涯、王彦力:《中国知网 CNKI 历史与发展研究》,《图书馆论坛》2019 年第 9 期,第 1—11 页。

(三)进行检索

完成检索条件自定义后,运行"检索"按钮即可呈现检索结果(见图4-9)。

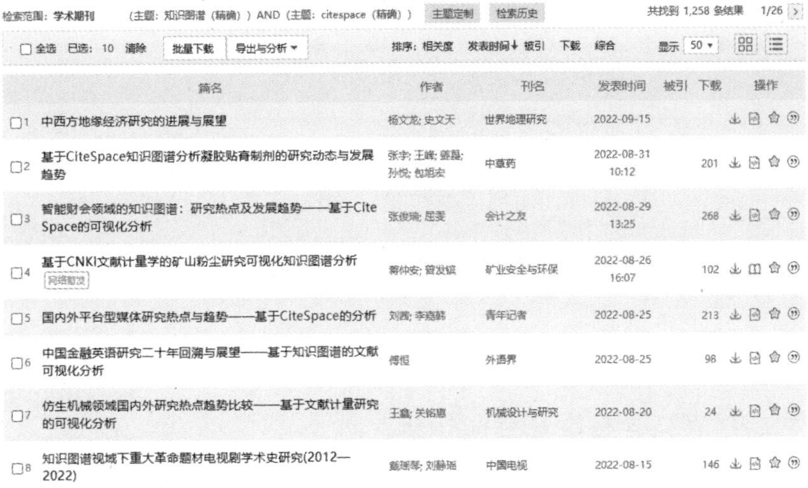
检索范围:学术期刊 (主题:知识图谱(精确))AND(主题:citespace(精确)) 主题定制 检索历史 共找到 1,258 条结果 1/26

全选 已选:10 清除 批量下载 导出与分析 排序:相关度 发表时间 被引 下载 综合 显示 50

	篇名	作者	刊名	发表时间	被引	下载	操作
1	中西方地缘经济研究的进展与展望	杨文龙;史文天	世界地理研究	2022-09-15			
2	基于CiteSpace知识图谱分析凝胶贴膏制剂的研究动态与发展趋势	张宇;王巍;龚晟;孙悦;包旭宏	中草药	2022-08-31 10:12		201	
3	智能财会领域的知识图谱:研究热点及发展趋势——基于CiteSpace的可视化分析	张俊瑞;屈菱	会计之友	2022-08-29 13:25		268	
4	基于CNKI文献计量学的矿山粉尘研究可视化知识图谱分析 网络首发	蒋仲安;曾发镔	矿业安全与环保	2022-08-26 16:07		102	
5	国内外平台型媒体研究热点与趋势——基于CiteSpace的分析	刘茜;李嘉赫	青年记者	2022-08-25		213	
6	中国金融英语研究二十年回溯与展望——基于知识图谱的文献可视化分析	傅恒	外语界	2022-08-25		98	
7	仿生机械领域国内外研究热点趋势比较——基于文献计量研究的可视化分析	王鑫;关铭惠	机械设计与研究	2022-08-20		24	
8	知识图谱视域下重大革命题材电视剧学术史研究(2012—2022)	戴瑞琴;刘静瑶	中国电视	2022-08-15		146	

图 4-9 中国学术期刊网络出版总库文献检索结果

从图4-9可以看出,此次检索显示出1258条符合要求的文章查询记录。

三、CNKI文献的保存

(一)调整查询页面文献信息量

目前CNKI每页可以提供3种文献记录信息显示数量供选择——10条、20条和50条。将查询到的文献页面信息显示数量调整为50。

(二)选中所需要的文献并对文献进行取舍

1. 选中所需要的文献

点击图4-9中的"全选"按钮后,所有查找到的文献均被选中。

2. 对文献进行取舍

对一些书评、影评、会议通知、刊物或者机构介绍等不符合要求的文献在保存前应该予以删除,确保最后文献计量的精确性。目前,CNKI 中对文献进行取舍只能通过人工方法来实现。比如,在前 50 条文献中,如果第 1 条"基于 CiteSpace 的幼儿语言研究知识图谱及可视化分析"不是需要查找的文献,可以选择将它前面序号框里面的"√"去掉(见图4-10)。

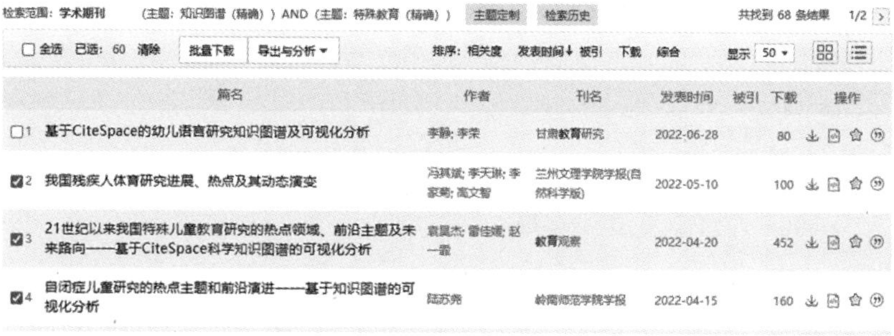

图 4-10　不符合要求文献取舍示意

(三)选取保存文献资料的详细信息

点击图 4-10 中的"导出与分析"按钮,进入导出文献窗口后,可以根据需要选择 11 种文献保存格式中的任何 1 种(见图 4-11)。如果研究者想保存自定义格式的话,则点击"自定义"按钮,弹出如图 4-12 的对话框。在图 4-12 所示窗口中,来源库、题名、作者、单位、文献来源等默认选项的信息被勾选。研究者也可以根据自己的研究需要,对关键词、摘要、基

图 4-11　文献保存格式选择对话窗

金、年、第一责任人等条目进行添加勾选。

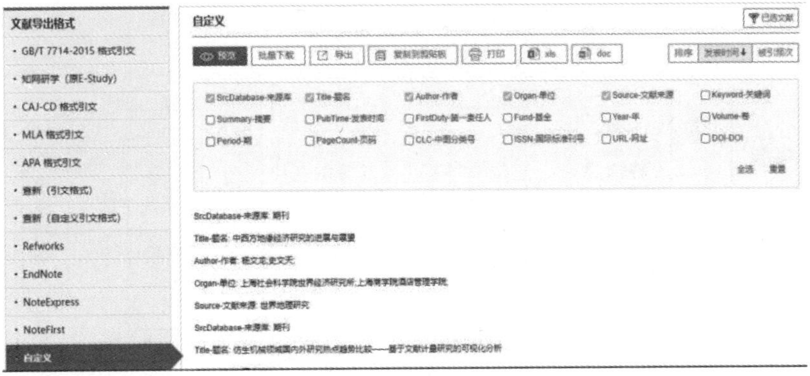

图 4-12 自定义格式按钮对话窗

(四)输出并保存文献

当对文献资料信息定义好后,点击如图 4-12 所示页面对话框上方中央的"导出"按钮,等待计算机弹出保存对话框后,研究者根据自己的需要和习惯,指定保存磁盘和文件夹保存文件。注意,一般选择输出为文本格式文件进行保存(后缀名为".txt"的格式)。

(五)后续文献的选择和保存

要完成多于 50 篇文献信息的保存,需要对查询结果的第 2 页及之后的文献信息完成保存。这个时候,需要在完成对前 50 篇文献进行全选后,再选择"下页"按钮,进入下一个页面。多次重复前面的操作,直到所有文献全部选中,之后再点击图 4-12 页面对话框上方中央的"导出"按钮,将全部选中的文献进行保存。

延伸阅读 4-1：信息的存储和检索的过程示意

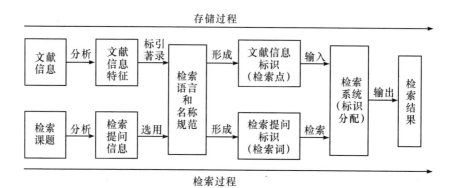

图 4-13   信息的存储和检索的过程示意①

推荐进一步阅读文献

[1] 魏韧：《标准文献信息的查询》，2013-07-10. http://max. book118. com/
html20134362601. shtm.

[2] 曹敏：《GB/T 7714-2015〈信息与文献　参考文献著录规则〉标准解析》，《科技
与出版》2015 年第 9 期，第 41—44 页。

[3] 涂佳琪、杨新涯、王彦力：《中国知网 CNKI 历史与发展研究》，《图书馆论坛》
2019 年第 9 期，第 1—11 页。

---

① 　陈振英：《文献信息查找和利用的常见误区》，2009-11-26［2014-05-25］. http://zuits.
zju. edu. cn/attachments/2010-04/07-1272412340-38670. pdf.

第五章　绘制知识图谱的操作

本章主要介绍两种绘制知识图谱的操作：采用 CiteSpace 绘制知识图谱以及使用 BICOMB 和 SPSS 结合绘制知识图谱。

第一节　CiteSpace 绘制知识图谱的操作

一、CiteSpace 的安装

基于 CiteSpace 是一个共享软件且需要电脑配置 JAVA 环境，安装者需要先下载安装 JAVA 软件作为安装环境，再确保有 1GB 的运行空间，便可以安装并正常运行 CiteSpace。需要注意的是，CiteSpace 分为 32 位码和 64 位码，安装者需要根据自己的计算机选择相应的类型进行正确安装。如果安装 CiteSpace 后，在呈现的界面点击"同意"按钮后呈现如图 5-1 所示的界面，则说明安装成功。

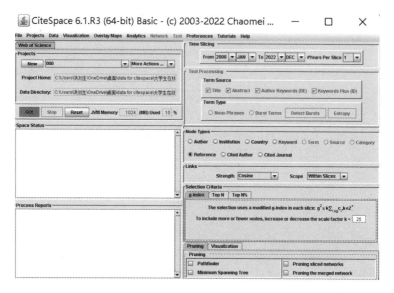

图 5-1   CiteSpace 安装成功界面示意

从图 5-1 可以看出,研究者所使用的是 CiteSpace 6.1.R3(64-bit),已经就绪。

二、CiteSpace 使用文献的准备

按照第四章 Web of Science 文献的查询和保存步骤进行操作,但是,需要注意将查阅到的文献信息另存为"download_xx.txt"格式,并将其保存在同一个目录文件夹下,否则 CiteSpace 将无法对数据进行识别。

三、CiteSpace 具体操作步骤

(一)创建项目和数据导入

点击如图 5-2 中的 1(项目)部分按钮:New 为创建新项目;project home 为选择项目数据文件夹所在名称和目录;data directory 为选择下载数据所在文件夹。

(二)分析数据主界面参数设置

CiteSpace 主界面用于指定数据、分析参量(见图 5-2),但先要运行突

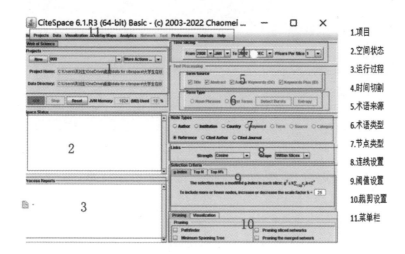

图 5-2 CiteSpace 主界面按钮分布示意

发探测选项来抽取研究前沿术语,这些数据必须在 CiteSpace 提前定义。网络的修改合并和设计选项也都由用户设置。具体参数设置如下。

1. 时间切割(time slicing)设置(参阅图 5-2 中的 4)

time slicing 代表时区分割,默认设置 1 年为一个切割时区,研究者可以根据自己需要灵活指定。

2. 术语来源(term source)设置(参阅图 5-2 中的 5)

可以选取题目(title)、摘要(abstract)、作者关键词(author keywords,DE)、由编辑群检阅该篇文章的所有参考文献标题,并挑选出相关但未被作者或出版社列出的关键词(keywords plus,ID)。

3. 术语类型(term type)设置(参阅图 5-2 中的 6)

可以选择名词短语(noun phrases)、突发词汇(burst terms)。

4. 节点类型设置(参阅图 5-2 中的 7)

可以选择共引作者(author)、共引机构(institution)、共引国别(country)、共引术语(term)、共引关键词(keyword)、共引领域(category)、共被引文献(cited reference)、共被引作者(cited author)、共被引期刊(cited journal)、相关文献(paper)、资助基金(grant)。

5. 连线设置(参阅图 5-2 中的 8)

可以对力度(strength)和范围(scope)进行选择设置。

6. 阈值设置（参阅图 5-2 中的 9）

C 代表引文数量（节点）、CC 代表共被引数量（连线）、CCV 代表共被引系数。

7. 裁剪设置（参阅图 5-2 中的 10）

可以选择路径寻找（pathfinder）、修剪片段网络（pruning sliced networks）、最小生成树（minimum spanning tree）、修剪合并网络（pruning the merged networks）。对于海量文献信息网络，为了更清晰地呈现主要网络部分，需要对复杂网络进行必要的简化。

8. 可视化设置（参阅图 5-2 中的 11）

可以选择静态聚类图（cluster view-static）、呈现时间片段网络（show sliced networks）、动态聚类图（cluster view-animated）、呈现合并网络（show mereged networks）。

设置好上述参数后，点击"go"按钮，就会在图 5-2 中 2 和 3 区域看到空间状态和运行过程信息的呈现。

（三）将数据转化为网络节点的形式设置

CiteSpace 中将数据转化为网络节点形式的设置按钮按照空间位置分为两类，最右边的参数按钮和中间参数按钮。其中最右边的参数按钮设置内容包括：控制面板参数、字号标签、网络节点字号、连续标签、聚类字号；中间参数按钮选项包括：背景色设置、寻找聚类、聚类算法（详细位置见图 5-3）。

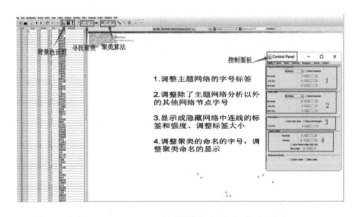

图 5-3　CiteSpace 的图谱分析按钮分布示意

（四）对绘制的图谱进行内容分析

运用 CiteSpace 绘制出引文年环图谱、研究前沿图谱和聚类分析图谱等多种图谱后,研究者可根据自身研究需要选用不同的图谱并对其内容进行解读。对引文年环图谱解读时应注意:它代表这篇文章的引文历史;引文年轮的颜色代表相应的引文时间;一个年轮的厚度与某个时间分区内引文数量成比例;点击节点中心,显示数字代表整个时间跨度内的被引次数;两个节点之间连线的颜色表示节点首次共被引的时间;两个节点之间连线的粗细表示节点共被引的次数,线条越粗表示共被引次数越多。对研究前沿图谱进行解读时,要明确:视图中每个圆形节点代表一个关键词,节点越大表明该关键词在研究领域内出现的频次越高,是高频关键词,带有紫红色光圈的节点具有较高的中心性,与其他节点之间也联系紧密。聚类分析图谱中,不同的颜色表示不同的集群,集群以"♯加集群"显示在右上角;各聚类模块及其轮廓区域呈现在网络最左边位置,聚类标签过程完成后,集群按照大小降序排列进行编号,最大的集群为♯0,其他依次为♯1,♯2,等等(见图5-4)。

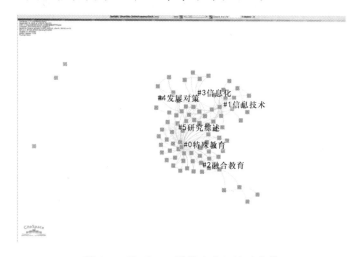

图 5-4　CiteSpace 图谱内容解读示意①

① 郭文斌、聂文华:《我国特殊教育信息化研究的发展现状及演进路径——基于 CiteSpace 的可视化分析》,《伊犁师范大学学报》2022 年第 1 期,第 69—78 页。

第二节　BICOMB 和 SPSS 结合绘制知识图谱的操作

一、BICOMB 和 SPSS 的安装

（一）BICOMB 安装

首先，从 http://www.cmu.edu.cn/bc/menu1.html 下载 BICOMB 2.04 软件包；其次，运行其中的 bde_install，安装运行环境；最后，运行 BICOMB 2.04 软件中的 bicomb.exe 程序，呈现如图 5-5 所示的界面则表明软件运行成功。需要提醒的是，如果不运行 bde 环境，也可以进入此界面，但是在运行 BICOMB 提取项目时会出错并停止运行。此时的解决办法是，安装 bde 并再次运行 BICOMB。

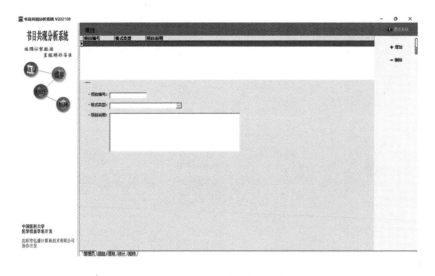

图 5-5　BICOMB 2.04 软件运行成功示意

（二）SPSS 的安装

在网络上下载 SPSS 26，按照其中的说明进行安装操作，当安装并获取授权成功，一切运行环境符合要求时，点击 SPSS 26 会出现如图 5-6 所

示的界面。

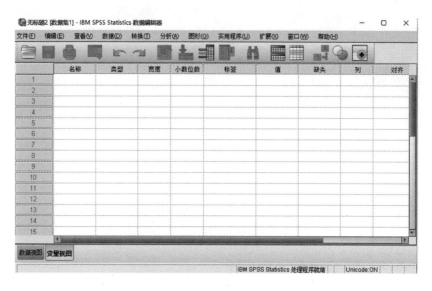

图 5-6　SPSS 26 软件运行成功示意

注意如图 5-6 所示的右下角是否显示该程序"就绪"字样,如果右下角显示程序"不就绪",则表示该软件还未获得授权,需要重新安装或者购买正版软件进行安装。

二、BICOMB 具体操作

(一)使用文献的获取

按照第四章介绍的方法查阅并保存的文献均可在 BICOMB 进行提取,但是要注意的是,Web of Science 将文献保存为其他文件格式,保存时需选择纯文本。对万方数据库和 CNKI 数据库查询到的文献均以 notefirst 格式(XML 格式)保存。对于以文本形式保存的文献,在运行 BICOMB 2.04 前注意将其另存为 ANSI 码(见图 5-7)。

图 5-7　文本文档另存为 ANSI 码示意

(二)BICOMB 具体操作步骤

1. 行使管理员权限进行文献格式自定义

如果保存的文献格式是自定义的,BICOMB 2.04 中无此种文献格式,研究者可以根据自己需要使用管理员权限增加此文献格式(注意,BICOMB 1.0 可以直接对自定义文献格式进行处理;BICOMB 2.04 则需要增加自定义文献格式)。具体操作步骤是:点击"管理员",出现如图 5-8 所示对话窗口后,点击"增加"按钮,再根据需要点击对应的文章节点、标题、作者、年代等信息进行修改,如果需要增加新的信息则点击中央面板上方的"增加"按钮添加需要的项目信息。

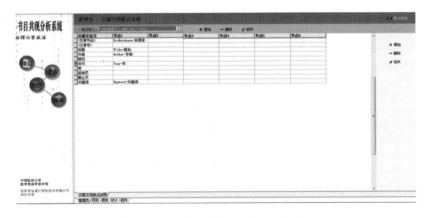

图 5-8　行使管理员权限增加项目信息

从图 5-8 中可以看出,研究者将关键词作为了新增关键字定义。将其节点 1 设置为"Keyword-关键词:",将其取值方法描述为"多值,分隔符",后面的对话框填写的是半角下的":"(见图 5-9)。其他选项中,文章节点定义为"SrcDatabase-来源库:",取值方法描述为"单值,单行";标题定义为"Title-题名:",取值方法描述为"单值,单行";作者定义为"Author-作者:",取值方法描述同"Keyword-关键词:";年代的节点 1 设置为"Year-年:",取值方法描述为"单值,单行"。更加详细的设置,可以参阅崔雷编写的《书目共现分析系统使用说明书》。[①]

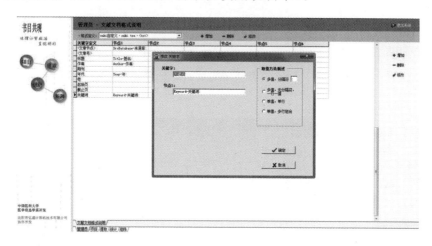

图 5-9　行使管理员权限修改或者选择项目信息对话窗口

2. 创建项目

点击"项目"按钮,在跳出的对话窗口(见图 5-10)点击右边的"增加"按钮,在项目编号对话窗口输入自己想要的编号,并根据自己保存的文献格式选取格式类型,如果有需要还可以在项目说明中键入文字进行描述。

3. 数据导入和提取

点击 BICOMB 2.04 的"提取"按钮,进入提取项目对话窗口(见图 5-11),进行数据导入。如果已经事先将文档合并为一个文件,则点击"选择文档"按钮;如果要保存全部文档在一个共同文件夹里面,则点击"选

① 崔雷:《书目共现分析系统使用说明书》,2014-01[2014-05-20]. http://www.cmu.edu.cn/bc/menu1.html.

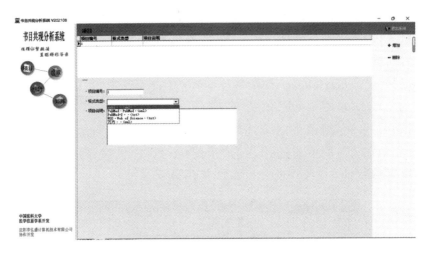

图 5-10　创建项目对话窗口

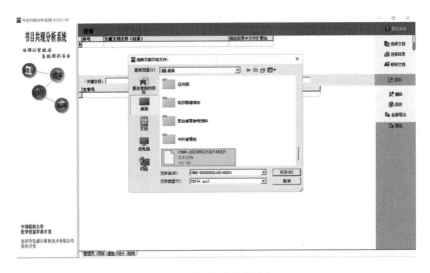

图 5-11　提取项目对话窗口

择目录"按钮。然后,点击"提取"按钮,BICOMB 2.04 会自动对文献进行导入并识别,提取相应的信息。如果提取成功,要选中自己想要的内容,则点击并选择关键字段中信息,会呈现对应的数字(见图 5-12)。如果呈现数字为 0 则表示提取失败,应该仔细检查失败的原因并再次进行提取。

为了更好地对高频词汇进行标准化,BICOMB 2.04 增加了对词汇的修改功能,可以通过它对有合并和统一需要的词汇进行进一步合并和

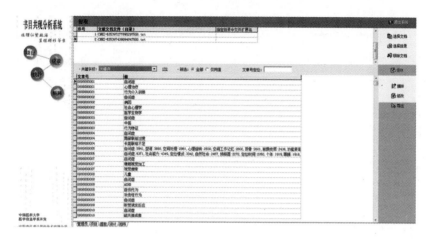

图 5-12　提取项目成功对话窗口

替换。

4. 频数的统计和导出

点击 BICOMB 2.04 的"统计"按钮,进入统计对话窗口(见图 5-13),进行所需信息的频数统计和导出。点击"关键字"按钮,根据自己研究需要选择对应的信息项目,运行"Σ 统计"按钮,软件会自动将结果呈现出来。研究者再根据自己的判断,调整"频次阈值"窗口的数值,然后选择"导出至 Excel"按钮,提取需要研究的高频信息列表。

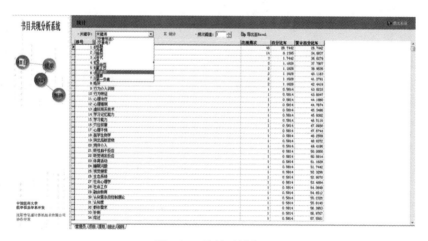

图 5-13　统计对话窗口

5. 矩阵的生成和导出

点击 BICOMB 2.04 的"矩阵"按钮,进入矩阵对话窗口(见图 5-14),进行所需矩阵的生成和导出。点击"关键字"按钮,根据自己研究需要选择对应的信息项目,在频次阈值对话栏选择阈值的范围,选择"词篇矩阵"或者"共现矩阵"并点击"生成"按钮,得到需要的矩阵信息,并点击"导出矩阵至 Txt"按钮,导出需要的矩阵信息文本。

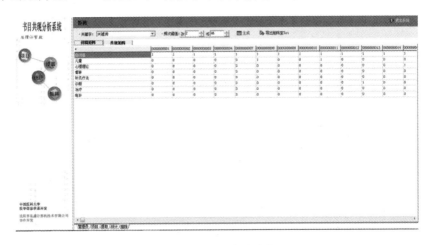

图 5-14　生成矩阵对话窗口

(三)SPSS 具体操作步骤

1. 聚类分析操作

(1)聚类所需数据的读入

将 BICOMB 2.04 产生的词篇矩阵文本信息读入 SPSS 26(见图 5-15)。

在图 5-15 所示窗口中,选择"导入数据",找到 BICOMB 2.04 提取的词篇矩阵文本所在盘符后,按照默认操作逐步完成即可将其读入 SPSS 26。

(2)进行聚类分析操作

在 SPSS 26 主菜单中按顺序选择"分析"—"分类"—"系统聚类"(见图 5-16),激活系统聚类对话窗口,然后选择参与聚类分析的变量分别进入变量对话框(见图 5-17)。注意,在图 5-17 所示窗口中,必须选择以字符串变量作为个案的标记变量。根据研究需要选择个案聚类还是变量

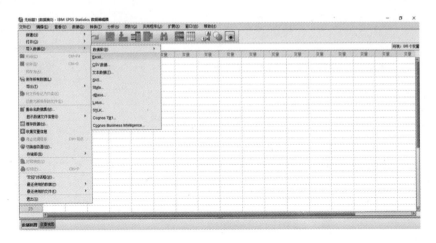

图 5-15　SPSS 26 读入词篇矩阵文本信息窗口

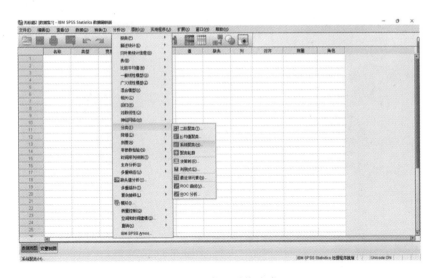

图 5-16　激活系统聚类

聚类:变量为单位标准化适于变量聚类(by variable);个案为单位标准化适于个案聚类(by case)。在图 5-17 所示窗口中,依次激活最右边的"统计""图""方法"对话窗口分别进行相应的参数设置。在"统计"窗口中,勾选"集中计划"和"近似值矩阵"选项(见图 5-18);在"图"窗口中,勾选"谱系图"(见图 5-19);在"方法"窗口中,选择二元中的"欧氏距离"参数(见图 5-20)。设置好参数后,点击运行生成所需要的相似矩阵(见图5-21)和聚类分析图(见图 5-22)。

图 5-17　选择参与聚类分析的变量

图 5-18　"统计"窗口选项选择

图 5-19　"图"窗口勾选"谱系图"

图 5-20　二元中的"欧氏距离"参数设置

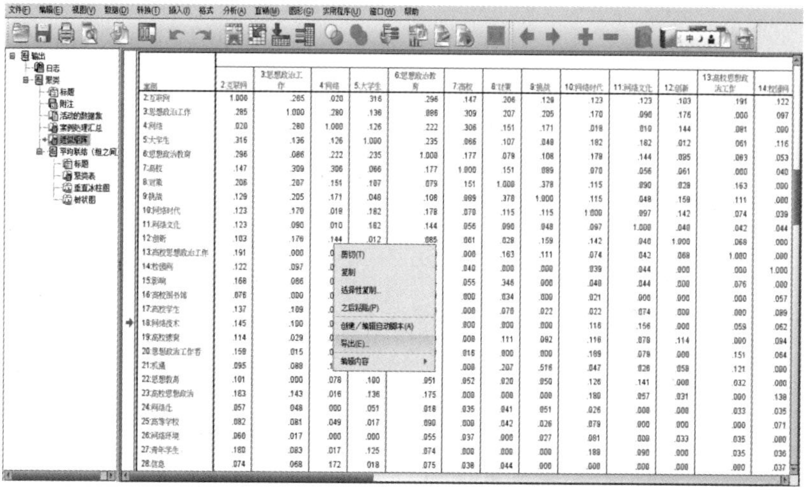

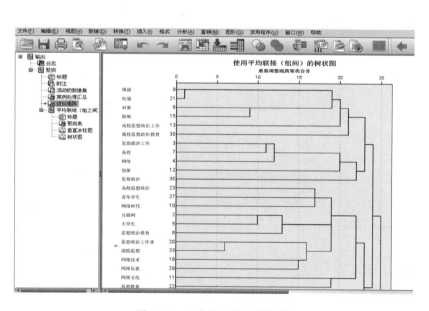

图 5-21　生成的相似矩阵

图 5-22　生成的聚类分析结果

　　注意图 5-21 的相似矩阵要导出并另存为".xls"格式,为后续多维尺度分析做准备。

（3）聚类分析结果的研判

对聚类分析后的聚类树图,可以从聚类的结构分析和内容分析两个方面来进行判读。为了更好地说明判读的过程,以图 5-23 为例进行详细说明。

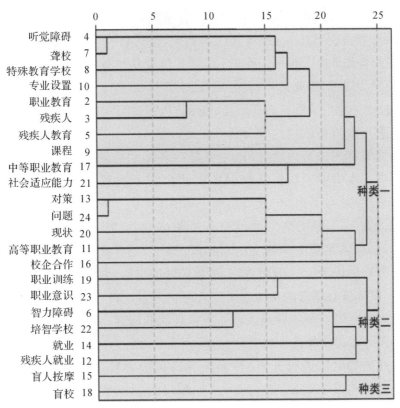

图 5-23　残疾人职业教育研究领域关键词聚类分析结果①

①进行聚类树图的结构分析

从宏观上观察聚类树图 5-23 的结构,其最左边呈现的一列标号(Label)和数字(Num)代表着高频关键词及其频次,最上方带有数字的标尺表示分类对象之间的距离。本聚类在操作时,选取了系统聚类法中的凝聚聚类算法。通过观察聚类树图的结构,可以看出,整体上,所有主

———————

① 郭文斌、杨艳:《听力障碍者职业教育研究热点及发展趋势》,《宁波大学学报(教育科学版)》2022 年第 1 期,第 125—132 页。

题词可以分为以下三个种类。种类一是以听觉障碍学生为主要对象的残疾人职业教育现状的研究,具体由三个小分类构成:小类一为聋校的专业设置研究,包括听觉障碍、聋校、特殊教育学校、专业设置4个关键词;小类二为残疾人中等职业教育课程以及社会适应能力的研究,包括职业教育、残疾人、残疾人教育、课程、中等职业教育、社会适应能力6个关键词;小类三为残疾人高等职业教育研究,包括对策、问题、现状、高等职业教育、校企合作5个关键词。种类二是培智学校及智力障碍学生就业相关研究,包括职业训练、职业意识、智力障碍、培智学校、就业、残疾人就业6个关键词。种类三是盲人职业教育研究,包括盲人按摩、盲校2个关键词。

②进行聚类树图的内容分析

对聚类树图进行内容分析,主要是对各类别主题词之间的语义关系进行分析。本聚类采用的凝聚聚类算法决定了对聚类分析结果的语义分析也采用了"自下而上"分析步骤。首先,从每个小类中关系最近的两个主题词着手,分析两者之间的语义关系,获得该类的"种子"概念,在此基础上,根据同类别中其他主题词与该"种子"的距离,逐次加入主题词,丰富该类别的内容。一般而言,距离比较远的主题词往往是种子概念的相关因素,常是核心概念的具体应用或者影响因素。将种类一命名为以听觉障碍学生为主要对象的残疾人职业教育现状的研究;将种类二命名为培智学校及智力障碍学生就业相关研究;将种类三命名为盲人职业教育研究。

在对聚类结果进行分析时,如果遇到无法解释说明的主题词组合,可以考虑使用以下解决办法:首先,到相应的文献数据库中检索含有共现词对的文献,通过文献的相应内容分析,寻找文献中共现词对的关系;其次,向对本专业研究状况比较熟悉的专业人员请教专业词汇组合的含义。①

2. 多维尺度分析操作

(1)多维尺度分析所需数据的读入和格式调整

首先,将聚类分析时导出的后缀为".xls"的 Excel 文档读入 SPSS 26(见图 5-24)。根据图 5-24 窗口提示信息,找到所保存的文档后,按照默

---

① 崔雷:《书目共现分析系统〈用户使用说明书〉》。[2014-05-20]. http://cid-3adcb3b569c0a509. skydrive. live. com/browse. aspx/BICOMB.

认设置逐步运行即可。

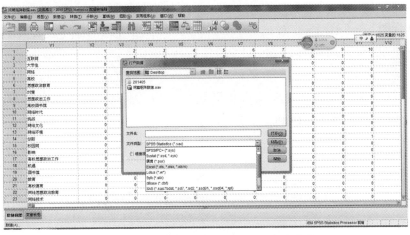

图 5-24　Excel 文档读入 SPSS 26 窗口示意

其次,对录入的数据,应该将其前面的数据视图中第一列汉字前面的数字删除,再将第一行"*"删除,然后将"*"下方纵行的汉字,按照顺序剪贴到变量视图窗口的第一列,并将所有数据类型修改为数值型,"测量标准"下方的类型修改为标度,小数点后保留 2 位(见图 5-25),完成数据的格式调整。

(2)进行多维尺度分析操作

在 SPSS 26 主菜单中按顺序选择"分析"—"刻度"—"多维标度

图 5-25　激活多维尺度分析对话窗口

（ALSCAL)"（见图 5-25），激活多维尺度分析对话窗口，然后选择参与多
维尺度分析的变量进入变量对话框（见图 5-26）。注意，进行文献多维尺
度分析时，在如图 5-26 所示对话框中，选择"根据数据创建距离"，激活其
下面的"根据数据创建测量"对话框，将标准化选择为"Z 得分"（见图 5-
27）。在图5-26所示窗口中，激活最右边的"选项"对话窗口，勾选"组图"
选项（见图5-28）；其余选项均采用默认值。设置好参数后，点击运行生成
所需要的多维尺度分析图（见图 5-29）。

图 5-26 多维尺度分析的变量选择对话框

（3）多维尺度分析结果的研判
对多维尺度分析结果的研判，可以从战略坐标的解读和科学共同体
的判定两个方面来进行。为了更好地说明研判的过程，以图 5-30 为例进
行详细说明。

图 5-27　"根据数据创建测量"对话框选项选择

图 5-28　"选项"对话窗口选项

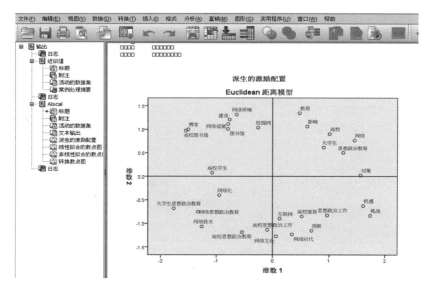

图 5-29　多维尺度分析结果

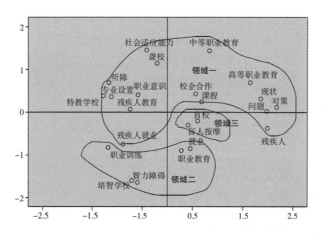

图 5-30　我国残疾人职业教育研究热点知识多维尺度分析结果①

---

① 郭文斌、杨艳:《听力障碍者职业教育研究热点及发展趋势》,《宁波大学学报(教育科学版)》2022 年第 1 期,第 125—132 页。

①战略坐标的解读

多维尺度分析绘制出的坐标称为战略坐标,它以向心度和密度为参数绘制成二维坐标,可以概括地表现一个领域或亚领域的结构。[①] 战略坐标中,各个小圆圈代表各个高频关键词所处的位置,图中圆圈间距离越近,表明它们之间的关系越紧密;反之,则关系越疏远。影响力最大的关键词,其所表示的圆圈距离战略坐标的中心点最近。坐标横轴表示向心度(centrality),即领域间相互影响的强度;纵轴为密度(density),表示某一领域内部联系强度。[②] 在战略坐标划分的四个象限中,一般而言,第一象限的主题领域内部联系紧密并处于研究网络的中心地位。第二象限的主题领域结构比较松散。这些领域的工作有进一步发展的空间,在整个研究网络中具有较大的潜在重要性。第三象限的主题领域内部连接紧密,题目明确,并且有研究机构在对其进行正规的研究。但是在整个研究网络中处于边缘。第四象限的主题领域在整体工作研究中处于边缘地位,重要性较小。[③] 从图 5-30 中可以看出,领域一为残疾人中高等职业教育研究,已有研究者进行了大量研究,属于过去的研究热点;领域二为培智学校以及智力障碍学生就业研究,其中处于第三象限的职业训练部分有机构正在进行研究,而处于第四象限的就业研究则较为边缘;领域三为视觉障碍的残疾人职业教育研究,其在今后研究中有进一步发展的空间。

②科学共同体的判定

残疾人中高等职业教育研究(领域一)主要位于第一象限,其中"高等职业教育"与"现状""问题""对策""残疾人"间的空间距离较近;"校企合作"和"课程"间的空间距离较近,其与"中等职业教育"的空间距离较远。结果表明,残疾人中高等职业教育研究向来重视现状、问题、校企合作和校本课程开发研究,这些领域已刊发了大量的研究文献,取得了较多的研究成果。同时,结果还表明,该研究领域中关键词的分布不集中,

① Law J, Bauin S, J. Courtial P, et al. Policy and the mapping of scientific change: A co-word analysis of research into environmental acidification. Scientometrics,1988,14(3-4):251-264.

② 冯璐、冷伏海:《共词分析方法理论进展》,《中国图书馆学报》2006 年第 2 期。

③ 崔雷、郑华川:《关于从 MEDLINE 数据库中进行知识抽取和挖掘的研究进展》,《情报学报》2003 年第 4 期,第 425—433 页。

各个关键词所构成的研究领域间的主题结构松散,尚未形成研究体系。以听觉障碍学生为主要对象的残疾人职业教育研究(领域一)主要位于第二象限,只有少数关键词落于第三象限。其中关键词"职业意识"处于研究的中心位置,且与"特教学校""专业设置""听障""残疾人教育"的空间距离较近,聚合度高,表明残疾人职业意识问题在残疾人职业教育中具有较大的潜在重要性。培智学校以及智力障碍学生就业研究(领域二)中,关键词"智力障碍""培智学校"联系紧密,位于第三象限,而关键词"就业"落于第四象限。结果说明,智力障碍学生就业研究尚未成熟,但已有研究者对此问题进行了关注,相关的机构如上海市长宁区初级职业技术学校、北京市宣武培智中心等,正在进行实践研究,未来具有较大的发展空间。处于第四象限的视觉障碍的残疾人职业教育(盲人按摩)研究(领域三),因其专业性强,研究需持谨慎态度。

推荐进一步阅读文献

[1] 陈超美:《CiteSpace 使用案例:初学者》,2012-12-07[2014-03-08]. http://wenku. baidu. com/view/a1eff40c6c85ec3a87c2c5e5. html.

[2] 李佳:《CiteSpace 简介及应用》,2010-11-22[2014-05-28]. http://biotech. ustc. edu. cn/upload/RMRA/2010/0624/2-citespace. ppt.

[3] 林宝灯:《近十年我国高等教育评价研究现状与前沿演进——基于 CiteSpace 知识图谱的可视化分析》,《西南民族大学学报(人文社会科学版)》2022 年第 5 期,第 233—240 页。

[4] 王坦、许家瑞、胡伟力:《研究生教育研究的进展、热点与趋势——基于国内外核心数据库文献的可视化知识图谱分析》,《西南民族大学学报(人文社会科学版)》2021 年第 11 期,第 229—240 页。

[5] 李财德、宋来、陈万思:《大学生思想政治教育主题研究知识图谱与未来展望——基于 CSSCI 期刊文献计量分析》,《思想教育研究》2021 年第 2 期,第 141—146 页。

第六章　知识图谱论文的呈现

第一节　知识图谱论文的构成

一般而言,知识图谱论文由题目、作者信息、摘要、关键词、前言、研究方法、结果与分析、结论、参考文献等部分构成。

一、题目

题目是知识图谱论文内容的概括说明,它要向读者说明本文研究的主要问题。知识图谱论文题目要简练、明确,选取的主题要有新意,使读者一看便明了研究的问题、范围和使用的方法。题目字数最长不要超过20个字,以10~15个字最佳,如果超过20个字,最好采用添加副标题的方式予以简化。

二、作者信息

作者信息主要涉及作者姓名、单位、邮编等基本信息。有的刊物除这些信息外,还会对作者的出生年月、籍贯、性别、学位、职称、主要研究方向等进行说明。不同刊物对作者信息要求不同,请在投稿前仔细阅读欲投稿刊物的投稿指南,根据要求进行修改。如果知识图谱论文获得基金项目资助,可以通过脚注的方式进行说明。

三、摘要

知识图谱论文的摘要是在全文内容撰写完毕后,通过对论文主要内容与结构的精心加工,将其以简明扼要的文字予以概括说明,目的是帮助读者快速了解全文的主要目的、方法、结果和结论。成功的知识图谱论文摘要能够激起读者阅读全文的强烈欲望。知识图谱论文摘要字数应该控制在 100~300 字,一般以 200 字左右最好。

四、关键词

关键词指从知识图谱论文中选出的关键术语,它们对帮助读者深入了解整篇论文内容具有非常重要的作用。关键词要在知识图谱论文中进行详细的界定或者说明。一般知识图谱论文关键词中经常会包含"知识图谱"和采用的具体绘制图谱方法,如关键词共词分析、聚类分析、多维尺度等术语。通常,一篇知识图谱论文中的关键词数量以 3~5 个最适合,最少不能够少于 3 个,最多不要超过 10 个。对一些在文中没有进行界定和说明,又对文章内容阅读没有影响的术语,不要为凑数强行列入。

五、前言

前言在知识图谱论文中也可以称为问题提出。此部分,一要对研究主题中涉及的关键术语进行较为系统和权威的界定;二要从较为宏观的角度,从整体上对所涉及的研究领域的学术成果进行简明扼要的说明;三要说明研究主题选取的价值和现实意义;四要点明为何必须选取知识图谱方法以及此方法的优势何在。

通过阅读前言,人们不仅可以明晰选取研究问题的背景、走向以及现实意义,而且还可以进一步深入了解研究中所涉及的主要术语的含义,以及借用知识图谱进行研究的主要原因。成功的前言,应该让读者阅读后,感受到自己原来也有过类似的、朦胧的想法,可惜的是,自己却无法像作者这样明确地提出此问题,激起他们阅读后面研究内容的欲望。通常,一篇知识图谱论文前言部分所占比例以全文字数总量的 1/5~1/3 较为合适,过长的前言会给人头重脚轻的感觉。

六、研究方法

知识图谱研究方法部分主要包括三部分内容:资料来源、研究工具和研究过程。

(一)资料来源

首先,说明查找文献的网络搜索引擎。知识图谱查找文献采用的搜索引擎应该是比较公认的、权威的搜索引擎,如第四章介绍的 Web of Science 或者中国学术期刊引擎。其次,介绍搜索引擎中对搜索条件的限定。要对限定主题(或关键词)、时间、范围等信息进行详细说明(详细内容参见第五章)。最后,汇报符合条件的文献的数量。这里不仅要介绍查阅到的文献总量,而且,还要汇报剔除不符合要求的文献数量后,剩余有效的文献数量。

(二)研究工具

主要介绍绘制知识图谱所采用的主要工具,要对工具的研发者、采用情况以及优势等进行简要说明。比如,采用 CiteSpace、HistCite 或者 BICOMB 和 SPSS 时,要分别对它们的研发者、使用范围和使用情况等进行简单介绍。

(三)研究过程

概要说明知识图谱操作步骤,主要包括:第一,确定高频关键词;第二,构建高频关键词共词矩阵;第三,进行高频关键词聚类分析;第四,进行多维尺度分析和社会网络分析;第五,对知识图谱内容进行解读和分析。研究者应该在知识图谱论文中汇报自己是否对文献关键词和内容进行了标准化合并,合并的具体条件有哪些。

七、结果与分析

知识图谱论文所收集的有效材料以自由组织文本的定性数据形式呈现。因此,一方面,要基于文本被分割成的最基本的有意义的单元——单词——进行分析;另一方面,还应该基于大段的文本找出该文本的意义。

(一)单词分析

1. 对单词频次分析

知识图谱分析的单词是以文本形式保存的词汇清单,CiteSpace、BICOMB 或者 HistCite 能够通过找到该词汇或词组在文本所处的全部位置对其进行自动统计。在知识图谱论文中,研究者可以根据自身研究需要,对刊物名称、作者、单位、关键词或者文章名称等进行分析,进而统计出其结果。一般在知识图谱论文中,需要对高频关键词进行统计分析,并按照词频高低以列表形式呈现出来。

对关键词进行单词词频分析时,下列事项值得注意:第一,关键词的标准化。过去人们对关键词的标识并不是非常规范,所以,在进行高频关键词提取的时候,一定要仔细核对关键词,需要对词义接近或者相同的关键词进行合并。比如:"自闭症""孤独症""自闭症谱系障碍"的含义趋于一致,应该先将它们统一合并为"自闭症谱系障碍",然后再进行词频统计。如若不然,会影响到关键词的排序,致使结果不够准确。第二,无意义关键词的删除。有的词汇虽然是以关键词呈现,但是,它们并非实质的关键词,比如,展望、政策等词汇,需要研究者对此类词汇进行甄别并予以手工删除。第三,对高频关键词的数量限定。关于高频关键词的"高频"的操作定义尚无统一标准,一般研究者会根据自身研究需要灵活设定,此选择标准与科学严谨性有所背离,因此,受到一些研究者的批评和指责。为避免上述问题发生,研究者可以采用如下三种方法:第一种,根据测量中前 27% 来选取,比如 100 个关键词,可以选取前 27 个;第二种,截取累积频次达到总频次 40% 左右的关键词为高频关键词[1];第三种,高频关键词根据高频被引频次阈值确定,高频阈值根据普赖斯计算公式确定,计算公式为:$M = 0.749\sqrt{Nmax}$,其中 M 为高频阈值,$Nmax$ 表示区间学术论文被引频次最高值[2]。比如,所查找到的文献的最高作者被引频次(Nmax)为 45,那么,要确定的高频关键词数 $M = 0.749\sqrt{45} = 5.024$。这个时候,我们可

① 张勤、马费成:《国外知识管理研究范式——以共词分析为方法》,《管理科学学报》2008 年第 6 期,第 65—75 页。

② 钟文娟:《基于普赖斯定律与综合指数法的核心作者测评——以〈图书馆建设〉为例》,《科技管理研究》2012 年第 2 期,第 57—60 页。

以将高频关键词的最低频次确定为 5 次,凡是频次大于或者等于 5 的关键词均属于高频关键词。此三种方法到底哪种更好,是否还有更好的处理方法,尚待以后对此问题进行深入的研究。

2. 对单词进行语义网络分析

语义网络分析也称结构分析,它主要致力于研究从事物的关系中显现出来的性质。1959 年,查尔斯·奥斯古德(Charles Osgood)创建了词语联合发生矩阵(word co-occurrence matrices),并应用因子分析和空间图(dimensional plotting)将词语间的关系直观地展示出来。[①] 对上述词语间关系和矩阵进行定量分析,最终生成知识图谱。知识图谱论文中上述过程全部可以应用计算机来实现。

知识图谱论文对单词进行语义网络分析的过程中,需要呈现四个方面的网络分析结果:关键词系数矩阵、高频关键词聚类分析、多维尺度分析以及社会网络分析。在关键词系数矩阵中,要交代清楚系数产生的统计原则,生成的是相同系数矩阵还是相异系数矩阵(一般知识图谱论文中经常采用相异系数矩阵),并对系数矩阵之间的关系进行简单的解读。在高频关键词聚类分析中,为更客观地对单词进行归类,可以先采用因子分析法,根据因子分析得分值,在因子所构成的空间中把研究对象的变量点画出来,从而达到客观分类的目的,并以此来对聚类分析结果进行完善。[②] 在呈现高频关键词聚类分析图后,最好能够以表格形式直观呈现生成聚类分布的结果。在进行多维尺度分析的时候,一般要汇报生成的 Stress 和 RSQ 系数(详细内容见第五章第二节),交代清楚生成战略坐标的知识领域的分布情况。此处,需要进一步对划分领域和命名的合理性进行验证,最好求教该领域研究专家对生成结果把关。另外,根据多维尺度分析结果对各单词对应的领域进行划分时,允许少数单词对应的领域可以和聚类分析结果有所出入。进行社会网络分析可以更直观地呈现关键词间联系的强弱,弥补多维尺度分析的不足。

---

① [美]诺曼·K.邓津、伊冯娜·S.林主编:《肯定性研究:经验资料收集与分析方法》(第 3 卷),风笑天等译,重庆大学出版社 2007 年版,第 837 页。

② 马费成、望俊成、陈金霞等:《我国数字信息资源研究的热点领域:共词分析透视》,《情报理论与实践》2007 年第 4 期,第 438—443 页。

（二）对整个文本进行分析

此部分要对绘制出的聚类分析结果和知识图谱内容进行详细的解读，是知识图谱论文着重书写、精心组织所在。

对聚类分析结果进行解读的时候，要对呈现有关单词的原始文献进行综合分析。对涉及有关单词的文献进行梳理，挑选出最重要的文献，并组织好它们之间的衔接关系，以类似综述的形式将其呈现出来。这里涉及对大量原始文献的精读和取舍，是知识图谱论文写作时研究者花费时间较多的地方。值得注意的是，这里要对涉及的高频单词的原始文献进行综合，其逻辑顺序应该和量化处理的结果相一致。

对知识图谱内容进行详细的解读，首先，需要将聚类分析和多维尺度分析结果结合在一起，对生成的知识领域进行解读；其次，需要根据战略坐标的象限分布，解读各个领域的重要性；最后，需要根据横纵坐标分布，从较为宏观的趋势上对已有研究结果进行概括总结。

延伸阅读 6-1：定性数据的分析方法

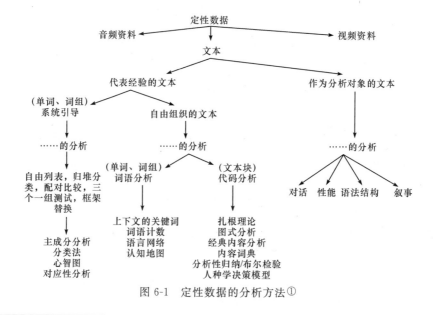

图 6-1　定性数据的分析方法①

---

① ［美］诺曼·K.邓津、伊冯娜·S.林主编：《肯定性研究：经验资料收集与分析方法》（第 3 卷），风笑天等译，重庆大学出版社 2007 年版，第 824 页。

八、结论

将上述研究结果进行综合，总结出有条理的总结性话语，并在此基础上对与本研究主题相关的研究的未来走向提出预测和建议。

九、参考文献

此部分应该列出写作知识图谱论文过程中引用的文献。知识图谱论文写作中，涉及的文献数量较多，因此，在列参考文献时，一定要注意仔细核对，防止发生文献和正文部分数字标识匹配错位的情况发生。

知识图谱论文中的前言、研究方法、结果与分析、结论部分写作时，要注意其数字序号层级最好到 3 级，尽量不采用 4 级数字标识。在采用数字序号时，可以优先考虑选用，将一级层次数字标识为一、二、三，二级标识为（一）（二）（三），三级标识为 1、2、3。也可以考虑将一级层次数字标识为 1，二级标识为 1.1，三级标识为 1.1.1。参考文献格式一般可以选用 APA 格式或者 GB 3469-83 格式。也可以根据投稿刊物要求，对参考文献格式进行调整、修改。一般刊物在接受稿件时，文章题目、作者信息、摘要和关键词部分还需要有对应的英文翻译。

第二节　　知识图谱论文示例

一、题目示例

以如下的 2 个题目进行示例：题目 1，"我国学前教育研究热点知识图谱"[①]；题目 2，"我国远程教育研究热点知识图谱——基于 3170 篇硕士及博士学位论文的关键词共词分析"[②]。

题目 1 较好地对论文主题进行了说明，将其概括为 14 个字；题目 2

---

① 　郭文斌、周念丽、方俊明：《我国学前教育研究热点知识图谱》，《学前教育研究》2014年第 1 期，第 11—18 页。

② 　郭文斌、俞树文：《我国远程教育研究热点知识图谱——基于 3170 篇硕士及博士学位论文的关键词共词分析》，《电化教育研究》2014 年第 2 期，第 45—49 页、第 67 页。

如果将副标题添加进题目,则题目的字数过多,因此采用添加副标题"基于3170篇硕士及博士学位论文的关键词共词分析"对题目进行注明。一般来讲,排版格式上,正标题居中,副标题居于正标题下,副标题前面加"——"居中,副标题的字号比正标题小半号。

二、作者信息示例

示例1: 　　　　　　　　郭文斌　　陈秋珠

　　　　　　(温州大学心理与行为研究所,温州,325035)[1]

示例2: 　　　　　　　　郭文斌[1,2] 杨艳[1]

　　　　　　([1]陕西师范大学教育学部,陕西西安,710062)

　　　　　　([2]伊犁师范大学教育科学学院,新疆伊宁,835000)[2]

如果论文仅有1位作者,或者虽然有多位作者,但是仅有一个作者单位时,将作者姓名居中,作者单位、城市、邮编等信息置于括号内,置于作者姓名之下居中,参见示例1。如果论文作者单位包含2个以上信息时,要将代表不同单位信息的数字代码分别标识在作者姓名的右上方,然后再依数字顺序,依次将作者单位信息置于作者姓名之下居中,具体格式可以参考示例2。

三、摘要示例

示例1:以CNKI所收录的残疾人职业教育相关文献为研究对象,利用BICOMB和SPSS软件对473篇与残疾人职业教育相关的文献进行可视化计量分析,以探测该领域研究热点分布及发展趋势。研究结果表明,我国残疾人职业教育研究热点主要集中在职业教育、听觉障碍学生、残疾人、残疾人教育、特教学校、课程、专业设置、高等职业教育等方面。研究领域呈现四大趋势:残疾人职业教育研究从宏观向中观转变;中等职业教育与高等职业教育逐渐贯通;研究对象多集中于视觉障

---

① 郭文斌、陈秋珠:《特殊教育研究热点知识图谱》,《华东师范大学学报(教育科学版)》2012年第3期,第49—54页。

② 郭文斌、杨艳:《听力障碍者职业教育研究热点及发展趋势》,《宁波大学学报(教育科学版)》2022年第1期,第125—132页。

碍、听觉障碍和智力障碍三类残疾学生;残疾人职业教育内涵不断丰富。①

示例 2:残疾人中等职业教育是现代中等职业教育体系中的一个重要内容和环节,发展残疾人中等职业教育是提升残疾人职业素养,帮助其顺利就业、融入主流社会,实现共同富裕的重要手段。为探究我国残疾人中等职业教育热点领域及前沿趋势,运用 CiteSpace 软件对中国知网收录的 148 篇有关文献进行可视化分析。研究发现现有研究主要围绕具体类型残疾人的中等职业教育、中等职业教学模式、中等职业课程设置、中等职业社会支持四个热点领域展开。未来研究应将关注对象从视障、听障、智障三类群体向自闭症、学习障碍、多重障碍等多元化群体转变;教学模式应由传统向信息化、专业化转变;基于学生兴趣与市场需求优化课程体系;构建家—企—校—社区多方位的职业教育支持体系。②

通过以上 2 个摘要示例可以看出,不论采用何种绘制知识图谱方法产生的论文的摘要,均要包含的信息为:第一,绘制知识图谱的目的;第二,绘制知识图谱时使用的软件和方法;第三,加工资料的来源、条件限定和数量;第四,研究结果的具体结论和建议。第四部分,如果字数允许可以写得更为细致,如果字数限制可以简单提及。

四、关键词示例

示例 1:亲子关系;热点领域;主题分布;知识图谱③
示例 2:听力障碍者;职业教育;研究热点;知识图谱④
通过以上 2 个关键词示例可以发现,列关键词需注意四个方面的问

---

① 郭文斌、张梁:《残疾人职业教育研究热点及发展趋势》,《残疾人研究》2018 年第 3期,第 57—65 页。

② 郭文斌、林凌俐:《我国残疾人中等职业教育研究热点领域及前沿趋势——基于 Citespace 的可视化分析》,《延安大学学报(社会科学版)》,2022 年第 4 期,第 104—111 页、第 129 页。

③ 郭文斌:《亲子关系研究的热点领域构成及主题分布》,《西北师大学报(社会科学版)》2017 年第 6 期,第 133—139 页。

④ 郭文斌、杨艳:《听力障碍者职业教育研究热点及发展趋势》,《宁波大学学报(教育科学版)》2022 年第 1 期,第 125—132 页。

题:第一,关键词最好是从论文题目主题和重要内容部分选取;第二,关键词的数量一般最好控制在 3～5 个(参见本章第一节);第三,关键词顺序最好和论文题目的顺序一致;第四,"知识图谱"作为一种新的技术名词应该出现在关键词中。至于关键词间是采用";"还是","或者是"空格",要根据不同刊物的要求去处理,目前尚未完全统一。

五、前言示例

示例 1:亲子关系从遗传学上而言,主要指亲代和子代间的血缘关系。在学前教育研究领域,亲子关系既包含血缘关系,也包含非血缘关系,是以共同生活的家庭为基础,在家庭生活中父母与子女所构成的互动人际关系。作为家庭中最基本、最重要的一种关系,亲子关系具有极强的情感亲密性,它直接影响儿童的身心发展,并将影响他们以后形成的各层次的人际关系。亲子关系对个体的社会化的进程和质量具有重要的影响。良好的亲子关系,不仅能促使儿童在成长过程中获取基本的知识、技能、行为及价值观,而且还有助于促进其社会人际关系发展和心理健康;不良的亲子关系,则不利于其社会化发展和心理健康。长期以来,国内研究者对亲子关系进行了广泛而深入的研究,取得了较为丰硕的研究成果。为了对我国亲子关系研究成果进行客观的梳理,归纳出其主要研究热点领域构成及主题分布,为未来的亲子关系研究提供知识支持,采用近年来国际上流行的科学知识图谱法,绘制出我国亲子关系研究的可视化知识图谱。[①]

示例 2:为促进残疾人职业教育发展,2018 年,教育部、国家发展改革委、财政部和中国残联四部门联合发布了《关于加快发展残疾人职业教育的若干意见》,对初、中、高等特殊职业教育的办学条件、专业设置等方面提出了明确的要求,以期逐步提高残疾人职业教育质量。2019 年,教育部、国家发展改革委、财政部等六部门联合发布了《高职扩招专项工作实施方案》,进一步强调高等职业教育要扩大残疾人招生人数,培养残疾人职业能力,为其实现劳动就业与创业提供保障,以期促进我国残疾人

---

① 郭文斌:《亲子关系研究的热点领域构成及主题分布》,《西北师大学报(社会科学版)》2017 年第 6 期,第 133—139 页。

职业教育体系日趋完善,质量和规模不断发展。截至 2020 年,全国特殊教育在校生人数为 88.08 万人,特殊教育学校总在校生数为 320775 人,其中,41027 人为听力障碍学生,占比 12.79%,仅次于智力障碍者人数。听力障碍者虽然在声音感知方面存在不同程度的障碍,日常生活及社会参与受到不利影响,但相较而言,他们在视觉信息获取以及生活自理等方面依旧具有较强优势,较其他类型的障碍者更具学习能力和就业可能。因此,如何解决好占残疾人比例大、最容易解决就业的听力障碍者的职业教育问题受到研究者的广泛重视。在此背景下,听力障碍者职业教育的质量与规模化发展,成为提高听力障碍者受教育水平、培养其职业能力、提高其就业创业能力的重要保障。听力障碍者职业教育研究不仅能够反映听力障碍者的职业教育现状,而且还能够发现存在的问题,在此基础上对听力障碍者以及其他类型的障碍者提出相应的职业教育改进意见和建议,对我国听力障碍者及残障者的职业教育改革与发展具有重要的现实意义。因此,非常有必要对听力障碍者职业教育的相关研究进行系统的梳理与分析,以把握听力障碍者职业教育研究的现状,奠定未来研究基础,明确发展方向。使用科学知识图谱技术对相关文献进行关键词处理与统计、聚类分析、因子分析、多维尺度分析等,以达到捕捉热点、直观呈现听力障碍者职业教育研究领域的整体现状,洞悉趋势的目的。本研究旨在促进听力障碍者职业教育适应社会经济的发展,有效满足听力障碍者自我提升和就业需求,促使其更好地融入社会。[①]

　　上述 2 个前言示例有着较为显著的差异,示例 1 占用的篇幅和文字较少,简明扼要地说明研究的目的和意义;示例 2 则篇幅较长,对残疾人职业教育发展政策进行了简单梳理,点出了本研究的目的和意义。上述 2 种方法研究者均可以采用。

---

　　① 　郭文斌、杨艳:《听力障碍者职业教育研究热点及发展趋势》,《宁波大学学报(教育科学版)》2022 年第 1 期,第 125—132 页。

六、研究方法示例

示例 1：

（一）资料来源

在中国学术期刊网（CNKI）数据库中，搜索主题词为"亲子关系"，年限设置为"1990—2016 年"，依据大多数关键文献通常会集中发表于少数核心期刊的布拉德福文献离散规律，将来源类别选择为"核心期刊"，共检索到 1737 篇文献，检索时间为 2017 年 1 月 30 日。删除通知、投稿须知等文献，最终得到 1731 篇有效文献。

（二）研究工具

本研究采用的研究工具为美国德雷塞尔大学信息科学与技术学院的陈超美博士与大连理工大学 WISE 实验室联合开发的 CiteSpace 软件。该软件通过共引分析理论和寻径网络算法，从引文的标题、文摘、系索词中抽取名词短语，以寻求最合适的聚类结果，实现关键词聚类标识。使用该软件可以对特定领域的文献进行历时性的计量分析，通过可视化手段呈现出该领域演化的关键路径及知识拐点，实现学科热点领域的分析和前沿探测。

（三）研究过程

第一，确定年度发文量变化趋势；第二，确定文献的高频关键词；第三，关键词共现知识图谱分析；第四，关键词聚类分析；第五，对以上各部分内容进行解读和分析。[①]

示例 2：

（一）资料来源

研究采用标准检索的方法，分别在中国知网期刊和硕、博士论文库中，以"听力障碍"和"职业教育"以及两者的潜在主题词，如"听障生""聋生""中职""高职"等进行文献检索。检索文献时，对作者、作者单位、发表时间等均不设限，截至 2020 年 1 月 16 日，共检索得到听力障碍者职业教育相关文献 254 篇。随后，对初步检索获得的 254 篇相关文献进行审

---

① 郭文斌：《亲子关系研究的热点领域构成及主题分布》，《西北师大学报（社会科学版）》2017 年第 6 期，第 133—139 页。

核,去除无关键词、学校简介、人物介绍、重复发表、动态、会议记录等无效文献,最终确定有效文献 120 篇。对有效文献进行关键词标准化。如将"听障生""聋生""听力障碍学生"等统一为"听障生",将"职业教育""职业技术教育"等统一为"职业教育"。

（二）研究工具

研究使用常见的文献分析工具 BICOMB 2.0 进行文献关键词处理与统计,生成词篇矩阵。使用 SPSS 25 进行聚类分析、因子分析和多维尺度分析等。

（三）研究过程

首先,确定高频关键词。在 BICOMB 中对经过标准化的 120 篇有效文献的关键词进行初步统计,获得高频关键词。其次,在 SPSS 25 中进行聚类分析、因子分析和多维尺度分析。再次,依据聚类分析树状图、因子分析结果和多维尺度分析结果绘制出我国听力障碍者职业教育研究的热点知识图谱。最后,结合聚类结果和热点知识图谱,对我国听力障碍者职业教育研究进行热点分析和发展趋势分析。①

上述两个示例都对资料来源的获取过程、研究工具的选取、研究过程分布进行描述。示例 1 与示例 2 对研究工具的介绍基本相似,不同点是示例 1 对研究过程的介绍较为简洁,示例 2 则比较详细。上述两种方法研究者均可以采用。

七、结果与分析示例

示例 1：

（一）高频关键词词频统计及分析

利用 BICOMB 2.0 共词分析软件对所选文献进行关键词统计,448 篇文献共有 1789 个关键词。截取累计频次达到总频次 40% 的关键词为高频关键词[5],共获得 32 个高频关键词,结果见表 6-1。

---

① 郭文斌、杨艳:《听力障碍者职业教育研究热点及发展趋势》,《宁波大学学报(教育科学版)》2022 年第 1 期,第 125—132 页。

表 6-1　32 个高频关键词排序

序号	关键词	频次	序号	关键词	频次	序号	关键词	频次
1	项目教学法	338	12	实践	9	23	德国	6
2	教学改革	29	13	教学设计	9	24	教学过程	5
3	高等职业院校	28	14	实验教学	9	25	评价	5
4	应用	23	15	课程设计	7	26	职业院校	5
5	教学方法	20	16	实施	7	27	软件工程	5
6	课程改革	14	17	项目设计	6	28	探索	5
7	教学模式	13	19	案例教学法	6	30	计算机教学	5
8	高职教育	13	19	中等职业学校	6	30	计算机教学	5
9	实践教学	13	20	项目实施	6	31	行动导向	5
10	职业能力	11	21	项目	6	32	实训	5
11	职业教育	11	22	工作过程	6	合计		641

从表 6-1 可以看出,32 个高频关键词的总呈现频次为 641 次,占关键词呈现总频次的 35.83%。其中,前 11 位关键词的频次均大于 10,依次为项目教学法(338 次)、教学改革(29 次)、高等职业院校(28 次)、应用(23 次)、教学方法(20 次)、课程改革(14 次)、教学模式(13 次)、高职教育(13 次)、实践教学(13 次)、职业能力(11 次)、职业教育(11 次),其余 21 个关键词出现频次均大于等于 5 次。这一结果表明,项目教学法研究多围绕高等职业院校的教学改革、教学方法、课程改革、教学模式与实践教学等内容展开。

(二)高频关键词相异系数矩阵

采用相异矩阵＝1－相似矩阵,对上述聚类分析产生的高频关键词相似矩阵进行转换,生成相异矩阵(结果见表 6-2)。相异矩阵中的数值越接近 1,表明关键词间的距离越远,相似度越小;数值越接近 0,表明关键词间的距离越近,相似度越大。

表 6-2　高频关键词 Ochiai 系数相异矩阵(部分)

	项目教学法	教学改革	高等职业院校	应用	教学方法	课程改革
项目教学法	0.000	0.788	0.805	0.785	0.866	0.840
教学改革	0.788	0.000	0.970	1.000	1.000	1.000
高等职业院校	0.905	0.930	0.000	0.921	0.915	0.949
应用	0.866	1.000	0.921	0.000	1.000	1.000
教学方法	0.840	1.000	0.915	1.000	0.000	0.000
课程改革	0.849	1.000	0.949	1.000	1.000	0.000

从表 6-2 可以看出,表中的系数大小代表关键词的距离远近,相异系数的数值越接近 1,说明关键词间的距离越远,相异度越大,联系越松散;数值越接近 0,说明关键词间的距离越近,相似度越大,联系越紧密。可以看出,各个关键词距离项目教学法由近及远依次为:教学改革(0.788)、教学方法(0.840)、课程改革(0.849)、应用(0.866)、高等职业院校(0.905)。结果表明,项目教学法经常与教学改革、课程改革结合在一起进行阐述。

(三)高频关键词聚类分析

为了更直观地展示高频关键词间的亲疏关系,用 BICOMB 2.04 共词分析软件对 32 个高频关键词进行共词分析,将生成的词篇矩阵导入 SPSS 26,进行聚类分析,生成高频关键词的聚类分析树状图,结果见图 6-2。

从图 6-2 可以直观地看出学前教育研究高频关键词可以分为 6 类,具体分布见表 6-3。

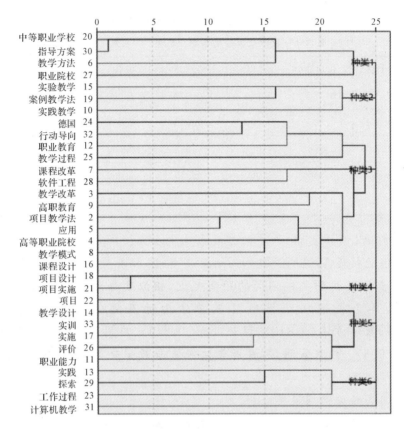

图 6-2 项目教学法高频关键词聚类结果

表 6-3 高频关键词聚类结果

种类	名　称	关键词
1	教学指导方案研究	中等职业学校、指导方案、教学方法、职业院校(4)
2	教学改革研究	实验教学、案例教学法、实践教学(3)
3	课程教学模式改革研究	德国、行动导向、职业教育、教学过程、课程改革、软件工程、教学改革、高职教育、项目教学法、应用、高等职业院校、教学模式、课程设计(13)
4	课程项目设计与实施研究	项目实施、项目设计、项目(3)
5	课程教学设计与评价研究	教学设计、实训、实施、评价、职业能力(5)
6	基于工作过程的教学实践研究	实践、探索、工作过程、计算机教学(4)

由表 6-3 可以看出,6 类项目教学法研究具体分为:

种类 1 是教学指导方案研究,包含中等职业学校、指导方案、教学方法、职业院校 4 个高频关键词。

种类 2 是教学改革研究,包括实验教学、案例教学法、实践教学 3 个高频关键词。

种类 3 是课程教学模式改革研究,包含德国、行动导向、职业教育、教学过程、课程改革、软件工程、教学改革、高职教育、项目教学法、应用、高等职业院校、教学模式、课程设计等 13 个高频关键词。13 个高频关键词可进一步分为 2 个小类。第 1 小类为基于行动导向的教学过程研究,包括德国、行动导向、职业教育、教学过程 4 个关键词;第 2 小类为课程与教学改革研究,包括课程改革、软件工程、教学改革、高职教育、项目教学法、应用、高等职业院校、教学模式、课程设计等 9 个关键词。

种类 4 是课程项目设计与实施研究,包括项目实施、项目设计、项目 3 个高频关键词。

种类 5 为课程教学设计与评价研究,包括教学设计、实训、实施、评价、职业能力 5 个关键词。

种类 6 为基于工作过程的教学实践研究,包括实践、探索、工作过程、计算机教学 4 个关键词。

(四)关键词多维尺度分析

为了进一步探寻关键词之间隐藏的内涵,利用 SPSS 26 对 32 个关键词构成的相异矩阵进行多维尺度分析,绘制出项目教学法研究领域的研究热点知识图谱,结果见图 6-3。

领域 1 为教学指导方案研究(对应种类 1),主要位于第三象限,四川职业技术学院、江西科技学院、广西生态职业技术学院等单位正在对此领域展开研究。领域 2 为教学改革研究(对应种类 2),主要位于战略坐标原点附近,此领域内容为项目教学法的核心和重点。领域 3 为课程教学模式改革研究(对应种类 3),其中德国位于第一象限,表明已有研究对德国的项目教学展开的论述成果较多,而课程设计和课程改革等内容在近几年才引起研究者的关注,研究的力度还有待加强。领域 4 为课程项目设计与实施研究(对应种类 4),主要位于第二象限,近几年研究者对于该领域的研究较为重视,研究刊发的成果也较多。领域 5 为课程教学设

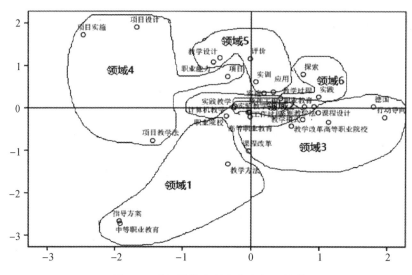

图 6-3　项目教学法研究热点知识图谱

计与评价研究（对应种类 5），大部分位于第一象限，少部分位于第二象限，其中项目教学法的运用、实施和评价等内容的研究已经逐渐淡出研究者的视线，被教学设计方面的研究所替代。领域 6 为基于工作过程的教学实践研究（对应种类 6），主要位于第一象限，此领域的研究是过去几年的研究热点，现在其重要程度在逐步变弱。①

示例 2：

（一）高频关键词分析

使用 CiteSpace 对关键词频次及其中介中心性进行统计分析，统计结果见表 6-4。

---

①　郭文斌、苏蒙：《我国研究生教学模式的研究热点及发展趋势——基于 2442 篇文献的 CiteSpace 可视化分析》，《伊犁师范学院学报》2021 年第 1 期，第 78—87 页。

表 6-4　高频关键词频次及中介中心性

序号	关键词	频次	中介中心性	序号	关键词	频次	中介中心性
1	课程建设	263	0.30	12	精品课程	14	0.00
2	课程体系	86	0.07	13	学位课程	14	0.17
3	研究生教育	72	0.20	14	课程体系建设	14	0.01
4	教学改革	50	0.12	15	教学方法	11	0.06
5	专业学位研究生	36	0.06	16	国际化	9	0.00
6	硕士研究生	27	0.00	17	教学模式	9	0.05
7	研究生教学	24	0.30	18	课程改革	8	0.02
8	课程设置	19	0.12	19	案例库	8	0.03
9	研究生培养质量	18	0.17	20	实践	8	0.01
10	研究生培养	17	0.13				
11	创新能力	15	0.05		合计	722	

表 6-4 显示,研究生课程建设领域研究共有 20 个高频关键词,总频次为 722 次。不考虑"课程建设""研究生教育""硕士研究生"等与"研究生""课程建设"意思相近的关键词后,结合剩余高频关键词的频次及中介中心性可以初步判断,我国研究生课程建设领域的研究热点主要包含四大问题。第一,研究生课程设置与课程体系研究,包含课程体系(86,0.07)、课程设置(19,0.12)、学位课程(14,0.17)、课程体系建设(14,0.01)等关键词。第二,研究生课程教学改革研究,包含教学改革(50,0.12)、研究生教学(24,0.30)、创新能力(15,0.05)、教学方法(11,0.06)、教学模式(9,0.05)等关键词。第三,专业学位研究生教育研究,包含专业学位研究生(36,0.06)、实践(8,0.01)等关键词。第四,案例库建设研究,包含案例库(8,0.03)等关键词。此外,精品课程与国际化的中介中心性为 0,表明各高校对精品课程、课程国际化建设投入了研究热情也产生了较多成果,但尚不构成研究核心。

(二)研究热点领域

在 CiteSpace 中对关键词进行聚类分析,将关键词设为节点,参数设置与作者参数相同,选择 LRF 法生成关键词聚类知识图谱,如图 6-4 所示。图 6-4 呈现出我国研究生课程建设研究的六大聚类:"案例库""学位课程""教材建设""建设""研究生培养""研究生教学"。基于聚类图谱,选择对数似然率法提取聚类标签词,生成关键词聚类表,如表 6-5 所示。

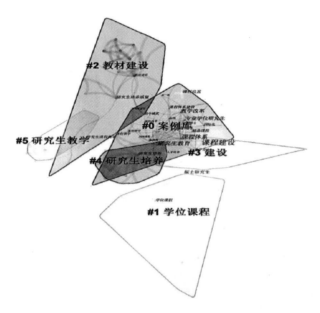

图 6-4 关键词聚类知识图谱

表 6-5 关键词聚类结果(部分)

聚类号	聚类大小	关键词(前 5 位)
0	35	案例库;实践;双一流;双语教学;专业学位研究生
1	27	学位课程;专业课;研究生院;马列主义理论;基础理论课
2	24	教材建设;核心课程;课程建设;专业基础课;研究生培养质量
3	19	建设;工程伦理;化学工程;课程;课程建设
4	13	研究生培养;课程思政;交叉学科;课程教学改革;天津中医学院
5	13	研究生教学;创新型实验;东方诗话学;中国诗话史;教学方法改革
6	9	课程设置;护理教育;调查研究;学术型研究生;课程标准与教材
7	8	结果分析;学术水平;教学效果;师资配备;二级指标

表 6-5 显示出各聚类所包含的前 5 位关键词。如关键词聚类图中的 "#0"号"案例库"类别,聚类大小为 35,是领域中最大的聚类,包含"案例

库""实践""双一流""双语教学""专业学位研究生"等关键词。结合聚类图谱、聚类表以及高频关键词对聚类结果进行调整,将我国研究生课程建设研究现已形成的热点划分为三个主题,即课程教学研究、教材建设研究和课程设置研究。

1. 课程教学研究

该主题主要包括"案例库""实践""专业学位硕士生""课程教学改革""研究生教学"等关键词。专业学位研究生的案例库建设研究是该主题的主要成分。研究生课程教学是课程与教学的统一,是围绕课程进行的教师"教"与研究生"学"的活动。专业学位研究生培养目标决定其课程的实践性与应用性,传统照本宣科的讲授式教学无法满足专业学位研究生教育发展的客观需求。案例教学作为一种理论与实践、知识与技能相结合的教学方法,凸显出专业学位研究生培养特色,是行之有效的教学方法之一,成为专业学位研究生人才培养的重要组成部分。为提高我国专业学位案例教学质量,有效支撑案例教学,2013 年,中国专业学位案例中心建设项目在教育部学位与研究生教育发展中心牵头下正式启动,并于 2015 年开始运行网络平台,为国内各高校及师生提供了优秀案例资源共享的公益平台。各教学单位也开始改革教学方法,建立专业学位研究生课程教学案例库项目,从课程案例类型、案例采集、案例撰写、案例库构成、案例库维护等方面提出课程案例库建设思路并进行实践探索。如河南理工大学计算机科学与技术学院在多媒体技术课程案例库建设中,搜集应用型和前沿性案例,建立 8 个专题案例库以构成课程案例库,并对每个案例的内容构成进行了说明;齐齐哈尔大学材料科学与工程学院为高分子材料工程专业选用先进、适用、综合、原创性案例以建立课程案例库,在案例教学时注重课堂教学与实践活动并重,并以网络平台共享、完善案例编写标准、建立反馈渠道的方式为案例教学提供保障。

2. 教材建设研究

该主题主要包括"教材建设""核心课程""专业基础课""课程标准与教材"等关键词。从课程建设角度出发,研究生教材可视作在进行研究生课程教学活动时使用的以教科书为核心的多种教学材料。教材是教师教学的必备工具,也是研究生学习的知识载体,因此需要重视教材建设在提高研究生培养质量中的地位。教材编写需基于研究生教育特点,在衔接本科内容的基础上，以自主学习和探究能力培养为核心，强调教材的研究性、学术性；考虑研究生类型，协调好教材与学术型、专业型研究生人才培养目标、课程目标一致性的关系；结合课程设置，既要注重基础课程教材的编写，也要以学科为中心规范专业课程教材的选择。为加快我国研究生教育改革进程，2020年，教育部、国家发展改革委、财政部联合印发《关于加快新时代研究生教育改革发展的意见》，提出要加强课程教材建设，提升研究生课程教学质量，规范核心课程设置，打造精品示范课程，编写遴选优秀教材，推动优质资源共享。部分学者、高校也对研究生教材建设进行了思考与探索。如哈尔滨工业大学环境学院在学校、学院政策支持下，将理论内容与应用实例相结合，编写出兼具学科性、系统性、前沿性、实用性的研究生实验课程教材《水环境综合实验指导》，并将应用实例部分进行虚拟仿真，实现了纸质教材与电子教材并行，使得实验教学更为多样安全，同时进一步打破教学的时空限制，满足了学生网络获取实验教程的需求。

3. 课程设置研究

该主题主要包括"课程设置""学位课程""专业课""马克思主义理论课""基础理论课"等关键词。研究生课程设置主要包括课程类别、课程结构、课程内容安排以及学习时间等，影响着研究生学习的广度和深度，是研究生知识结构与能力构建的框架。伴随研究生培养规模化和类别多样化发展，研究生课程设置问题也逐渐浮现，如课程分类标准不一、缺少方法类课程、忽视非正式课程、纵向缺乏层次性、横向缺乏差异性等。为优化学科结构，2011年，国务院学位委员会、教育部颁布《学位授予和人才培养学科目录》，对学科目录设置进行了改革。以该目录为依据，原本以二级学科为单位进行课程设置的高校转身投入按一级学科进行课程设置的课程建设之中。为针对性指导培养单位课程设置，2020年，国务院学位委员会办公室组织出版学术学位和专业学位《研究生核心课程指南（试行）》，该指南按一级学科和专业学位类别编写，主要包括基础理论课和专业课，为研究生课程设置、讲授和学习提供了依据。除按照一级学科进行课程设置外，基于二级学科的课程群建设也受到高校的关注。如北京师范大学开发集科研理论、写作规范、文献研读以及非工具性（思辨性）方法课于一体的校级研究方法课程群，并强化课程群间衔接，形成了覆盖全校所有一级学科的校级研究方法类课程体系，从而为研究生提供基础且高质量的研究方法教学与训练，促进了交叉学科科研发展。

（三）研究发展趋势

在 CiteSpace 中，以关键词为节点，生成关键词突现词图（见图 6-5）。图 6-5 中的突现词为某一时间段内被引频次突然增多的关键词，反映某一时段的热点和前沿。如关键词"案例库建设""人才培养""专业学位研究生""国际化"是 2018—2020 年的突现词，表明当下我国研究生课程建设研究的前沿为专业学位研究生案例库建设研究和研究生课程建设国际化研究。其中案例库建设作为课程教学研究的一部分在关键词聚类结果中有所呈现，已经成为研究生课程建设研究领域的一大热点，而国际化课程建设研究尚未成为领域热点之一。

关键词	强度	起始年份	结束年份	1984—2020年
专业课	2.2266	1986	1997	
学位课程	7.4486	1986	2000	
研究生课程教学	2.8938	1986	2012	
博士生	1.8271	1991	1996	
研究生培养质量	2.503	1994	2010	
教育硕士	1.9373	2001	2006	
课程设置	3.1837	2006	2007	
课程体系	7.9943	2007	2013	
课程建设	7.7654	2012	2014	
硕士研究生	3.3221	2012	2016	
网络课程	2.2657	2014	2018	
课程体系建设	2.2033	2014	2017	
精品课程	3.8014	2015	2018	
案例库建设	2.0268	2018	2020	
人才培养	2.3678	2018	2020	
专业学位研究生	2.9392	2018	2020	
国际化	3.0525	2018	2020	

图 6-5　强度最高的 17 个关键词突现词

为进一步反映我国研究生课程建设研究领域中研究主题随时间变化的趋势，继续在关键词共现分析基础上制作关键词时区图（见图 6-6）。图 6-6 呈现出不同时间段内的关键词及研究主题的变化。结合关键词突现词图与文本阅读，可以归纳出我国研究生课程建设研究的两大发展趋势，即从关注课程建设自身要素到兼顾外部需求以及课程教学研究贯穿始终。

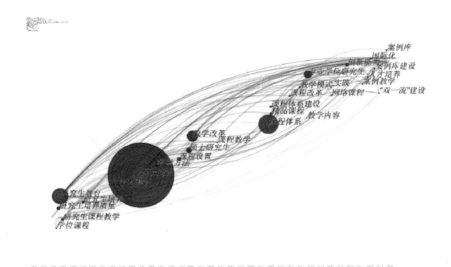

图 6-6 关键词在不同时间的变化

1. 从关注课程建设自身要素到兼顾外部需求

我国研究生课程建设研究的变化趋势在整体上与我国研究生教育的发展趋势相匹配,是适应社会生产结构以及经济发展需求的必然结果。基于研究生扩招政策,2000年起,我国研究生人数持续增长,研究生培养规模逐渐超出高等教育资源承载能力和市场需求,各高校面临师资紧缺、经费短缺、资源配置与硬件设施配套滞后等发展问题,我国研究生培养质量面临严峻考验。因此,课程建设内部问题,如加强课程教学、教材、课程设置等课程基本要素建设,优化课程结构、建设课程体系等成为前期关注重点,以期加强课程建设、解决现实问题,回应"提高研究生教育质量"的呼声。政府也颁布了系列政策文件以促进研究生课程建设,提高人才培养质量,如2010年《国家中长期教育改革和发展规划纲要(2010—2020年)》提出,要加大教学投入,加强课程教材等基本建设。2013年《关于深化研究生教育改革的意见》提出,"以服务需求、提高质量为主线"的发展方针,我国研究生教育开始将外部要素作为首要关注对象,以服务外部发展为主。在此方针引领下,我国研究生课程建设研究也逐渐从专注课程建设自身向兼顾外部需求发展,以服务需求为价值导向。面对现代化建设以及知识信息化、全球化趋势对创新型、高层次人才的需求,我国课程建设研究日益重视网络课程建设、研究生创新能力培养以及课程国际化建设等主题。

2. 课程教学研究贯穿始终

无论是课程建设内部要素研究阶段，还是兼顾外部需求阶段，课程教学研究始终作为核心热点之一贯穿整个研究阶段。课程教学是研究生奠定深厚理论基础、构建知识层次结构的重要途径，是保障研究生成长成才的基础。20世纪末，世界研究生教育已经迈入以知识传播和知识创新为核心的时期，课程教学改革与内涵式发展是研究生教育发展的必然趋势，因为只有这样才能在知识经济时代激发出课程教学培养高层次创新型人才的强大潜能。课程教学改革具有丰富内涵。在教学主体上，课程教学教师、导师队伍的水平直接决定研究生的培养质量，因此要发挥出师资团队的学术引领作用。在教学组织形式上，传统课堂已经不能适应现代科技发展带来的人类知识传授和学习方式、方法、习惯的转变，因此，如"网络课程"多样化、开放性的"新课堂"成为适应时代新需求、承载培养研究生综合能力与素质的重要平台。在教学内容上，除基础理论知识外，领域研究前沿、信息技术、研究方法、社会热点问题等内容也成为培养高素质、综合型、研究型人才的必需。同时，在以"服务需求"为主的教育观念影响下，是否适应企业、市场人才需求成为课程教学内容遴选的重要指标。在教学方法上，案例教学法体现了专业型研究生教育的实践性与应用性特色。伴随高等教育变革与转型，坚持立德树人的根本方向，依据科学技术发明、创新创造型人才的培养模式进行研究生课程教学改革成为各高校必须面对的问题。在科教融合理念指导下，研究生教育将进一步走向教学科研协同发展的道路，实现科研支撑教学、教学反哺科研。[①]

在上述2个示例中，示例1借助BICOMB软件，涉及高频关键词词频统计及分析、高频关键词相异系数矩阵、高频关键词聚类分析和关键词多维尺度分析部分；示例2借助CiteSpace软件，涉及关键词聚类知识图谱、关键词突现图、关键词时区图部分。二者均对图谱进行详细分析，以可视化的方式呈现当前研究热点主题以及未来趋势，不同点是二者借

---

① 郭文斌、杨艳：《我国研究生课程建设研究热点及发展趋势》，《山东高等教育》2021年第3期，第23—29页。

助不同软件呈现知识图谱。

八、结论示例

示例 1：

（一）结论

通过对 2005—2021 年我国特殊教育信息化发展现状及演进路径分析，发现研究主要聚焦在特殊教育信息化教学、特殊教育师生信息化素养、康复教育信息化改革三个领域，呈现出三个特征：首先，信息技术为残障儿童搭建了无障碍学习环境。云服务系统促使慕课、微课等新型教育形态兴起，为翻转课堂搭建了个性化学习平台，使得泛在学习成为可行的学习方式，课堂管理模式更加高效化和自动化。其次，特殊教育信息化发展对师生信息化素养提出了更高要求。教师除了具备专门的康复辅助技术知识和一般的教学技术知识，还应掌握较强的信息化教学设计能力；学生既要掌握信息化知识和信息技术应用能力，还要具备信息化责任意识。最后，信息化康复环境包括硬件结构、软件系统和虚拟桌面资源库。远程服务成为信息化康复服务模式的重要途径，康复服务对象较广，智障、视障、听障、自闭症、注意缺陷多动障碍儿童受到热点关注。

（二）展望

未来研究者还应关注以下三个趋势：第一，关注信息技术与特殊教育教学的深度融合问题。教师可从课程活动设计、课程内容、教学方式、评价体系等方面加强信息技术的应用，结合学习通用设计理念，帮助学生选择学习方式。第二，信息化环境下特殊教育教师信息化素养具有新要求。特殊教育教师应充分认识特殊教育信息化的地位和作用，多参加专业化培训或知识讲坛，更新自身的教育理念，拓展专业学习渠道，充实自己的信息化理论知识，提高应用信息技术的能力。第三，按照"分批分次、重点扶持"原则深入推进特教学校信息化康复环境建设。国家颁布相应的政策文件进一步加强其规范性，加大信息化经费投入，增加康复设施设备数量，学校应加快数字校园建设步伐，构建有利于残障儿童康复训练的信息化环境。①

示例 2：

（一）总结

通过对我国儿童绘本阅读领域的文献统计，梳理了儿童绘本阅读领域的热点和四大趋势。可以预见，儿童绘本阅读对儿童早期阅读能力的培养将持续受到家长、老师等群体的重视，绘本在教学领域也将发挥更宽泛的作用，以图书馆为主体的公共服务机构会大力推广绘本阅读服务，我国学者、绘本创作者以及一线教育者在绘本内容、形式和应用三个方面会不断加大创新的力度。

（二）展望

未来的研究应该关注和思考三个方面的问题：首先，更多关注绘本阅读对儿童语言能力之外的思维能力、逻辑能力和社会性的影响；其次，将特殊教育需求儿童纳入绘本阅读的研究对象，为学前段和低龄段的普特融合进行科研积累；最后，积极探索"互联网＋"技术在儿童绘本阅读中的应用方式创新。②

在结论部分，有两种常用的呈现方式：第一种，逐条对整篇知识图谱文章内容进行总结，随后对采取的研究方法的不足和今后可能改进的方面进行展望（见示例 1）；第二种，逐条对文章主要内容进行归纳和呈现（见示例 2）。

九、参考文献示例

示例 1：

参考文献

[1]雷江华,方俊明.特殊教育学.北京:北京大学出版社,2011:5.

[2]方俊明.融合教育与教师教育.华东师范大学学报(教育科学版).2006(3):37—49.

[3]邓猛,颜廷睿.融合教育理论反思与本土化探索.北京:北京大学出版

---

① 郭文斌、聂文华:《我国特殊教育信息化研究的发展现状及演进路径——基于 CiteSpace 的可视化分析》,《伊犁师范大学学报》2022 年第 1 期,第 69—78 页。

② 郭文斌、尤兴琴、林燕:《儿童绘本阅读领域研究的热点分布及趋势》,《陕西学前师范学院学报》2019 年第 5 期,第 40—45 页。

社,2014:12.

[4]中共中央,国务院.关于印发《国家中长期教育改革和发展规划纲要(2010-2020年)》的通知.中发〔2010〕12号.2010-07-29.

[5]国务院办公厅.关于转发教育部等部门特殊教育提升计划(2014—2016年)的通知.国办发〔2014〕1号.2014-01-08.

[6]庞文,于婷婷.我国特殊教育法律体系的现状与发展.教育发展研究,2012(4):80—84.

[7]郭文斌.知识图谱理论在教育与心理研究中的应用.杭州:浙江大学出版社,2015:5.

[8]郭文斌,周念丽,方俊明.我国学前教育研究热点知识图谱.学前教育研究,2014(1):11—18.

[9]朱楠,王雁.全纳教育视角下特殊儿童的教育公平.中国特殊教育,2011(5):24—29.

[10]邓猛,景时.从随班就读到同班就读:关于融合教育本土化理论的思考.中国特殊教育,2013(8):3—9.

[11]邓猛,朱志勇.随班就读与融合教育:中西方特殊教育模式的比较.华中师范大学学报(人文社会科学版),2007(4):125—129.

[12]邓猛,潘剑芳.关于全纳教育思想的几点理论回顾及其对我们的启示.中国特殊教育,2003(4):2—8.

[13]雷江华,罗司典,亢飞飞.中国高等融合教育的现状及对策.残疾人研究.2017(1):4—12.

[14]黄伟.我国残疾人高等教育公平研究.中国特殊教育.2011(4):10—15.

[15]冯雅静,李爱芬,王雁.我国普通师范专业融合教育课程现状的调查研究.中国特殊教育,2016(1):9—15.

[16]王辉,熊琪,李晓庆.国内特殊教育教师职业素质研究现状与趋势.中国特殊教育,2012(6):56—62.

[17]兰继军,于翔.加强教师教育改革,培养全纳型的教师.中国特殊教育,2006(1):14—18.

[18]连福鑫,贺荟中.美国自闭症儿童融合教育研究综述及启示.中国特殊教育,2011(4):30—36.

[19]邓猛,赵梅菊.融合教育背景下我国高等师范院校特殊教育师资培养模式改革的思考.教育学报,2013(6):75—81.

[20]陆莎.医教结合:历史的进步还是退步.中国特殊教育,2013(3):8—11.

[21]邓猛,卢茜.医教结合:特殊教育中似热实冷话题之冷思考.中国特殊教育,2012(1):4—8.

[22]郭文斌,陈秋珠.特殊教育研究热点知识图谱.华东师范大学学报(教育科学版),2012(3):49—54.[①]

示例2:

参考文献

陈顺森.(2012).自闭症幼儿面孔加工特点的眼动研究:社会认知缺陷指标的探索(博士学位论文).天津师范大学.

郭文斌.(2013).自闭症谱系障碍儿童面部表情识别的实验研究(博士学位论文).华东师范大学.

郭文斌,周念丽,方俊明,刘一.(2012).ASD儿童社会认知事件图式特征分析.学前教育研究,(9),23-28.

吴奇,郭惠,何玲玲.(2016).面部反馈在微表情识别过程中的作用.心理科学,39(6),1353-1358.

姚雪.(2010).面部表情识别的影响因素:表情强度和呈现方式(硕士学位论文).吉林大学.[②]

通过对参考文献示例1和示例2的对比,可以发现如下差异:第一,示例1中"参考文献"采用左顶格方式,示例2采用居中方式;第二,示例1中参考文献采用的是GB 3469-83格式,示例2采用的是APA格式;第三,示例1中参考文献顺序按照论文中数字标识顺序罗列,左顶格书写,示例2参考文献采用作者拼音字母顺序,其格式要求第二行左缩进2个字符。这些细微的差距主要与不同期刊的采稿风格有关,建议大家在投

---

① 郭文斌、张晨琛:《我国融合教育热点领域及发展趋势研究》,《残疾人研究》2017年第3期,第63—69页。

② 郭文斌、陈佳丹、张梁:《表情强度对自闭症儿童面部表情识别影响的实验研究》,《心理与行为研究》2018年第2期,第157—163页。

稿前,一定要仔细研读欲投稿刊物的参考文献格式要求,对照修改自己
论文的参考文献格式。

推荐进一步阅读文献

[1] 张玉柳、赵波:《国内外知识图谱发展趋势和研究热点演变分析》,《图书馆理
　　论与实践》2021年第4期,第121—128页。
[2] 周海涛、王艺鑫:《中西部教育研究的热点领域与发展趋势——基于CNKI
　　核心数据库文献的可视化知识图谱分析》,《西北师大学报(社会科学版)》
　　2021年第6期,第47—56页。

附 录

残疾人职业教育研究热点及发展趋势

郭文斌　张　梁①

摘　要　以 CNKI 所收录的残疾人职业教育相关文献为研究对象，利用 BICOMB 和 SPSS 软件对 473 篇与残疾人职业教育相关的文献进行可视化计量分析，以探测该领域研究热点分布及发展趋势。结果表明，我国残疾人职业教育研究热点主要集中在职业教育、听觉障碍学生、残疾人、残疾人教育、特教学校、课程、专业设置、高等职业教育等方面。研究领域呈现四大趋势：残疾人职业教育研究从宏观向中观转变；中等职业教育与高等职业教育逐渐贯通；研究对象多集中于视觉障碍、听觉障碍和智力障碍三类残疾学生；残疾人职业教育内涵不断丰富。

关键词　残疾人职业教育　研究热点　发展趋势

前　言

残疾人职业教育是我国教育事业的重要组成部分，加快发展残疾人职业教育事业是社会主义市场经济背景下时代的呼唤，也是提升残疾人综合素质、实现人生价值的必然选择。2010 年发布的《国家中长期教育

---

①　郭文斌、张梁：《残疾人职业教育研究热点及发展趋势》，《残疾人研究》2018 年第 3 期，第 57—65 页。

与改革发展纲要》提出"全面提高残疾儿童少年义务教育普及水平,大力推进残疾人职业教育",强调"加强残疾儿童职业技能和就业能力培养"。2014年国务院印发了《关于加快发展现代职业教育的决定》,全面部署加快发展现代职业教育,特殊教育作为现代职业教育的组成部分,同样需得到关注和重视。在此背景下,探究残疾人职业教育研究的热点,明确残疾人职业教育发展方向,具有重要意义[1]。随着信息化、数字化时代的到来,信息可视化技术得到快速发展和应用,其中科学知识图谱技术能够利用直观图像呈现前沿领域和学科知识的信息交汇聚点,从不同层面展现某一领域或学科发展的概况,便于人们全面审视其学科结构以及研究热点和重点等[2]。为此,本文借助知识图谱技术对残疾人职业教育研究领域的成果进行关键词共词分析并绘制残疾人职业教育研究的知识图谱,使职业教育研究领域的热点以可视化的方式呈现,明确残疾人职业教育的方向和趋势。

1. 资料来源

研究采用标准检索的方法,在中国知网总库中查找主题词为"残疾人"并含"职业教育",以及从属残疾人大类下的各类残疾群体,例如"盲人""智障生""聋生"等相关关键词分别并含"职业教育"的科研文献,检索控制条件中对文献的年代不限定,检索时间为2018年5月15日,去除会议纪实、会议评述、招聘启事、通知公告、学校简介等非规范性文献和重复文献后,最后确定有效文献为473篇,各年度详细数据如图1所示(2018年9篇,图1中的54篇为预测值)。将有效文献中不同刊物来源含义相同或相近的关键词进行标准化处理,如将"弱智""智力残疾""智力低下"和"智力障碍"统一合并为"智力障碍";"听障学生""听障生"和"聋生"统一合并为"听觉障碍学生"(加工图表中,缩写为"听障");"特殊教育学校""特校"和"特教学校"统一合并为"特殊教育学校"(加工图表中,缩写为"特教学校");"高职"和"高等职业教育"合并为"高等职业教育"。

从图1可以看到,残疾人职业教育研究的文献数量呈上升的总趋势。2007年之后,文献刊发数量呈现稳步增长趋势,尤其在2013—2015年间,文献刊发数量出现巨大增幅,到达顶峰。由此可见,该领域越来越受到广大学者和专家的关注,具有良好的发展前景。

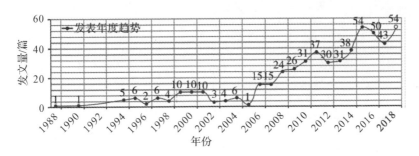

图 1　残疾人职业教育研究相关文献统计

2.研究方法

2.1　高频关键词统计及分析

利用 BICOMB 共词分析软件对所选文献进行关键词统计。473 篇文献的总关键词为 1356 个,标准化后进行词频统计分析。根据普莱斯计算公式 $M = 0.749\sqrt{Nmax}$ 来确定关键词的阈值,M 代表高频阈值,$Nmax$ 代表文献被引用频次的最高值[3]。在所选文献中文献被引用频次的最高值是 165,即 $Nmax = 165$,然后利用公式计算出 $M = 0.749 = 9.621$,所以将 9 确定为高频关键词的最低频次,选取频次大于或者等于 9 的关键词作为高频关键词,结果见表 1。

表 1　高频关键词表词频表

序号	关键字段	出现频次	序号	关键字段	出现频次
1	职业教育	165	13	就业	19
2	残疾人	123	14	中等职业教育	12
3	听障	91	15	盲人按摩	12
4	残疾人教育	50	16	校企合作	12
5	智力障碍	43	17	盲校	11
6	聋校	42	18	职业训练	10
7	特教学校	40	19	现状	10
8	课程	31	20	社会适应能力	10
9	专业设置	28	21	问题	10

续表

序号	关键字段	出现频次	序号	关键字段	出现频次
10	高等职业教育	27	22	培智学校	9
11	残疾人就业	23	23	职业意识	9
12	对策	20			

表 1 中的 23 个高频关键词,在一定程度上反映出我国残疾人职业教育研究领域的集中热点。处于前十位的关键词的词频均大于 20,分别是职业教育(165)、残疾人(123)、听觉障碍(91)、残疾人教育(50)、智力障碍(43)、聋校(42)、特殊教育学校(40)、课程(31)、专业设置(28)、高等职业教育(27),其余的高频关键词中,中等职业教育(12)、盲人按摩(12)、校企合作(12)、盲校(11)、职业训练(10)、现状(10)、社会适应能力(10)、问题(10)、培智学校(9)、职业意识(9)等频次均大于 9。上述结果初步表明,残疾人职业教育的课程和专业设置、听觉障碍和智力障碍学生职业教育,已经成为残疾人职业教育的主要热点领域,同时,视觉障碍群体的职业教育也越来越受到研究者的关注。

2.2 高频关键词聚类分析

为了更直观地展示关键词间的关系,用 BICOMB 共词分析软件对23 个高频关键词进行共词分析,生成词篇矩阵,将该矩阵导入 SPSS 20.0,生成 23 个高频关键词的聚类分析树状图,如图 2 所示。

根据图 2 中聚类的类团的连线距离远近,将聚类结果归为三类。种类一为以听觉障碍学生为主要对象的残疾人职业教育现状的研究,具体由三个小分类构成:小类 1 为聋校的专业设置研究,包括听觉障碍、聋校、特殊教育学校、专业设置 4 个关键词;小类 2 为残疾人中等职业教育课程以及社会适应能力的研究,包括职业教育、残疾人、残疾人教育、课程、中等职业教育、社会适应能力 6 个关键词;小类 3 为残疾人高等职业教育研究,包括对策、问题、现状、高等职业教育、校企合作 5 个关键词。种类二为培智学校及智力障碍学生就业相关研究,包括职业训练、职业意识、智力障碍、培智学校、就业、残疾人就业 6 个关键词。种类三为盲人职业教育研究,包括盲人按摩、盲校两个关键词。

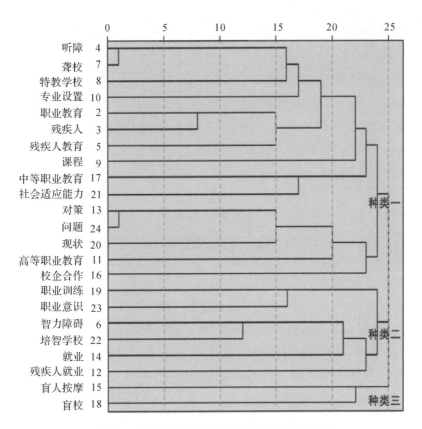

图 2　残疾人职业教育研究领域关键词聚类图

2.3　高频关键词的 Ochiai 系数相似矩阵分析

进行高频关键词的 Ochiai 系数相似分析时，相似矩阵中的数字表明数据间的相似性，其数值越接近 1，表明两个关键词间的距离越近，相似度越大；反之，则表明关键词之间的距离越大，相似度越小。将词篇矩阵导入 SPSS 20.0，生成高频关键词的 Ochiai 系数相似矩阵，结果如表 2 所示。

表 2　高频关键词 Ochiai 系数相似矩阵(部分)

	职业教育	残疾人	听障	残疾人教育	智力障碍	聋校	特殊学校	课程
职业教育	14.000	0.379	0.247	0.257	0.201	0.205	0.205	0.154
残疾人	0.379	1.000	0.150	0.196	0.047	0.085	0.166	0.099
听障	0.247	0.150	1.000	0.094	0.019	0.522	0.215	0.078

续表

	职业教育	残疾人	听障	残疾人教育	智力障碍	聋校	特殊学校	课程
残疾人教育	0.257	0.196	0.094	1.000	0.073	0.022	0.211	0.077
智力障碍	0.201	0.047	0.019	0.073	1.000	0.026	0.056	0.031
聋校	0.205	0.085	0.522	0.022	0.026	1.000	0.203	0.111
特教学校	0.205	0.166	0.215	0.211	0.056	0.203	1.000	0.030
课程	0.154	0.099	0.078	0.077	0.031	0.111	0.030	1.000

从表2可以看出,各个关键词距离职业教育由近及远的顺序依次为:残疾人(0.379)、听觉障碍(0.247)、残疾人教育(0.257)、智力障碍(0.201)、聋校(0.205)、特殊教育学校(0.205)、课程(0.154)。它揭示出,职业教育与残疾人的联系最为紧密;听觉障碍、残疾人教育、智力障碍、聋校与职业教育联系较为紧密;聋校、特殊教育学校、残疾学生与职业教育的联系较松散;相对而言,课程与职业教育的联系最为松散。结果初步说明,刊发的大多数文献,将残疾人与职业教育结合在一起进行研究,残疾人教育已经成为职业教育的重要组成部分。在残疾人职业教育研究中,既要关注听觉障碍学生、聋校和智力障碍学生这些主要的研究对象,又要加强对职业教育中课程、专业设置等中观要素的研究。

2.4 残疾人职业教育研究的可视化呈现

利用SPSS 20.0对23个关键词构成的相似矩阵进行多维尺度分析,绘制出我国残疾人职业教育研究的可视化热点知识图谱,如图3所示。

图3展示的战略坐标中,各个小圆圈代表相应关键词所处的位置,圆圈间的空间距离越近,表明他们间的关系越紧密;反之,则关系较疏远。圆圈距离战略坐标中心点越近,其所代表的关键词的影响力越大。从图3可以看出,残疾人中高等职业教育研究(领域一)主要位于第一象限,其中"高等职业教育"与"现状""问题""对策""残疾人"间的空间距离较近,"校企合作"和"课程"距离较近,其与"中等职业教育"的空间距离较远。结果表明,残疾人中高等职业教育研究向来重视现状问题、校企合作和校本课程开发研究,在这些领域刊发了大量的研究文献,取得了较多的研究成果;结果同时还说明,该研究领域中关键词的分布不集中,各个关

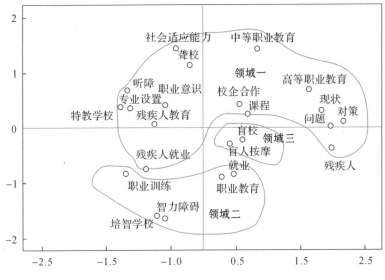

图 3　中国残疾人职业教育研究热点知识图谱

键词所构成的研究领域间的主题结构松散,尚未形成研究体系。以听觉障碍为主要对象的残疾人职业教育研究(领域一)主要位于第二象限,只有少数关键词落于第三象限。关键词"职业意识"处于研究的中心位置,且与"特殊教育学校""专业设置""听觉障碍""残疾人教育"的空间距离较近,聚合度高,表明残疾人职业意识问题在残疾人职业教育中具有较大的潜在重要性。培智学校以及智力障碍学生就业研究(领域二)中,关键词"智力障碍""培智学校"联系紧密,位于第三象限,而关键词"就业"落于第四象限。结果说明,智力障碍学生就业研究尚未成熟,但已有研究者对此问题进行了关注,相关的机构如上海市长宁区初级职业技术学校、北京市宣武培智中心等,正在进行实践研究,未来具有较大的发展空间。处于第四象限的盲人专业按摩研究(领域三),因其专业性强,研究需持谨慎态度。

3. 残疾人职业教育研究的发展趋势

3.1　研究从宏观向中观转变

图 3 中,构成领域一的部分关键词,"现状""问题""对策"位于第一象限,距离中心点较远,而其余的关键词"课程""专业设置""职业意识"处

于第二象限,距离中心点较近。它揭示出残疾人职业教育研究逐渐从基于现状、宏观问题的描述分析,向残疾人职业教育中存在的具体问题,例如课程、专业设置、教育模式、职业意识等中观层面转变。

随着时代的要求,残疾人职业教育办学规模发展迅速,但是,在发展的过程中仍面临着层次不高、专业课程单一、师资力量不足、就业范围狭窄等问题[4]。研究者针对残疾人职业教育发展中的问题在不同的中观层面进行了探索和研究:首先,在课程方面,要求完善义务教育阶段职业教育的课程设置,选择适性化课程。在尊重学生个体差异性和市场选择性的基础上,设计出课程开发的流程图,提倡通过职业分析和测评,为学生选择恰当的课程模式和课程文件[5]。结合地方本土特色,开发适于本校的职业教育课程体系,打造特色学校[6]。其次,在专业设置方面,提倡尊重学生差异性和市场选择性,比如天津理工大学聋人学院设置了计算机科学与技术和艺术设计专业;北京联合大学特殊教育学院设置了艺术设计、园林、针灸推拿、计算机科学与技术、音乐表演等专业;长春大学特殊教育学院设置了艺术设计、绘画、会计、动画、针灸推拿等专业;长沙特殊教育职业学院设置了广告艺术设计和园林专业[7]。再次,在教育模式方面,基于残疾人职业教育对象的差异性、教学内容的实践性和教学评价的发展性,以"从学校到工作"理念指导的校企合作模式得到广泛推广与应用;在社会主义市场经济的背景下,提出建设符合我国国情的准备式与支持式职业教育模式[8]。最后,加强职业意识,培养职业道德建设,既有助于提升残疾人职业素养,又可以帮助残疾人适应当今市场经济形势和拓宽就业渠道。

3.2 中等职业教育与高等职业教育逐渐贯通

从图 3 的领域三可以看出,"高等职业教育"与"现状""对策""问题""残疾人""校企合作""课程"等关键词间的空间距离较近,聚合度较高,而"中等职业教育"与其他关键词间的空间距离则相反,不仅空间距离较远,而且相对较独立,处于本研究领域的偏远地位,与其他关键词间的聚合度较低。结果说明,残疾人高等职业教育研究相对中等职业教育研究而言,更受到广大研究者的关注。残疾人中等职业教育研究所处的地位比较边缘化,主要在于残疾人中高等职业教育的衔接体系尚未完善,今后的研究应该更多关注残疾人中高等职业教育的贯通与协同发展。

目前,残疾人中等职业教育是基于初中教育而实施的高中阶段的义务教育,招收对象多为特殊教育学校的毕业生,目标为培养生产管理等一线技术人员。而残疾人高等职业教育以具有高中文化水平的残疾人为招生对象,培养目标为生产、管理、经营等工作岗位的高级技能型和应用型人才。残疾人中等和高等职业教育在培养本质上虽然具有相同之处,都是对学生职业技术能力的训练和培养,但是,它们对于培养的社会人才结构的层次化,培养目标的定位上存在较大的差异。在中等职业教育和高等职业教育快速发展的背景下,为了促进二者协调共进,2011年教育部印发了《关于推进中等和高等职业教育协调发展的指导意见》,从制度上加强了对中高等职业教育衔接的重视[9]。由于残疾群体的特殊性,残疾人中高等职业教育衔接,不仅是适应职业教育发展和社会发展的必然选择,更是发展残疾人自身,实现人生价值的现实需求。当前,残疾人中高等职业教育衔接的研究主要集中于制度层面、内容层面和人文层面。在制度层面上,研究围绕残疾人职业教育的学制和招生考试改革研究,致力于探索出灵活有效的学制衔接方式和招生考试制度;在内容层面上,研究主张设置建立统一的课程标准,实施模块化教学,开设特色专业目录,加强校企联合等;在人文层面上,提倡消除对残疾人的社会认知偏差,残疾者要自尊、自立、自爱,社会健全人士也要关爱和接纳残疾者,政府和社会要多给予残疾者以庇护性就业的机会。

3.3　研究对象多围绕听觉障碍、视觉障碍和智力障碍三类残疾学生展开

从图3可以看出,残疾人职业教育研究热点图谱中出现的研究对象主要为听觉障碍、视觉障碍、智力障碍三大类残疾学生。具体而言,领域一中"听觉障碍"位于第二象限,且与领域内其他关键词距离较近,"聋校"也位于临近纵轴的位置;领域二中的"智力障碍"位于临近纵轴的位置;领域三中"盲校"位于紧邻横轴的位置。这些结果说明,残疾人职业教育研究多围绕视觉障碍、听觉障碍和智力障碍三类残疾学生展开。从另一角度还可以看出残疾人职业教育关注对象的变化,听觉障碍者的职业教育研究(领域二)领域所构成的关键词,大多数位于第二象限,关键

词空间距离也较近,而"智力障碍学生""智力障碍""培智学校"等关键词位于第三象限,"盲人按摩""盲校"(领域三)等关键词位于第四象限。它表明,视觉障碍、听觉障碍和智力障碍三类残疾学生的职业教育研究,从最初以听觉障碍学生为主要对象的职业教育,逐渐向以智力障碍和视觉障碍学生为主要对象的职业教育扩展。

残疾人职业教育更多地关注听觉障碍学生,主要原因在于听觉障碍的学生,虽然听觉受损,但是他们的视觉代偿性较好,生活自理能力较强、专业局限性小,适合学习美术手工、服装设计、园林等专业。现有研究首先抓住听觉障碍者的优点,探索适于听觉障碍学生的职业教育的教材教法、课程和专业设置;其次,针对听觉障碍学生身心发展特点,提出了项目教学法,并设计了项目教学法的流程,建构了具体操作的模式[10];再次,在分析现有聋校教材的基础上,以夯实基础、挖掘潜能和促进听觉障碍学生和普通学生同步发展为主要要素,将教材与学生生活相结合,开发聋校语文校本课程[11];最后,探讨了听觉障碍学生服装专业、动漫专业、古建筑绘画专业和园艺技术专业的有效设置,构建了听障学生服装设计的"三位一体"课程,并结合相应的专业设置对聋校语文教材进行了二次开发。在听觉障碍学生职业教育研究得到广泛关注的同时,智力障碍学生和视觉障碍学生的职业教育也不断引起研究者的重视。例如,北京市宣武培智中心坚持对大龄智力障碍学生进行职业康复训练研究,提高其就业技能和融入社会的能力[12];上海市长宁区初级职业技术学校对智力障碍学生进行烹饪专业校本课程开发及完善,使烹饪课程教材更具针对性、直观性和综合性[13]。对智力障碍者的就业模式研究,不仅着眼于积极学习、引进西方支持性就业模式[14-16],更注重探索该模式对我国智力障碍者职业教育的借鉴意义与作用[17]。对视觉障碍者职业教育的研究多集中于盲人按摩专业课程设置研究、中医推拿按摩手法研究、盲人按摩技能教学研究等,也有研究尝试将盲校义务教育阶段课程进行整合,以提高教学效率,培养综合性人才[18]。

3.4　残疾人职业教育内涵不断丰富

从图3中可以看到,"就业"与"职业教育"的空间距离较近,联系较为紧密,而"残疾人就业"与"职业教育"分属两个领域,空间距离较远。领域一中"社会适应能力"与"聋校""听觉障碍（听障）"空间距离较近。上述结果表明，残疾人职业教育大多以就业为导向，以实现就业为目标。对于处于特殊群体的残疾人，尤其是中重度残疾人而言，职业教育力图打破"职业教育即就业教育"的传统观念，使职业教育更具人文精神，将发展残疾学生基本生活能力、实现全面康复、提高生活质量作为残疾人职业教育的重要内容[19]。

随着残疾人职业教育内涵的不断丰富，残疾人职业教育研究更关注于残疾人自身，不仅仅单纯着眼于以市场为导向，而是更强调尊重学生能力，开发、探索既符合残疾学生能力，又有价值的教学项目。研究指出，首先，残疾人职业教育不仅服务于学生就业，更重要的是改善残疾学生的机体功能、满足个体的康复需要，提高生活自理能力和社会适应能力，带动其职业能力的潜在发展。其次，残疾人多元职业教育课程研究，既要注重课程模式与市场和职业岗位相对接，又要注重课程模式与学生生存发展和终身学习对接。多元课程着眼于发挥智力障碍学生的潜能，促进多元智能的开发。再次，素质教育体系是残疾人职业人才培养中的重要一环，在提高职业能力的同时，还要加强社会适应能力和思想道德水平，全面提高残疾人的综合素质[20]。因此，残疾人职业教育目标不应该仅局限于提高残疾人的就业机会，实现就业，更应该注重促进残疾学生的机能康复，提高生活自理能力和发展综合素质。

4. 总结与展望

综上所述，我国残疾人职业教育问题研究主要集中于中高等职业教育、残疾人职业教育现状与对策、残疾人职业教育课程与专业设置等领域。可视化图谱可以预见残疾人职业教育研究的趋势是残疾人职业教育研究从宏观向中观转变；中高等职业教育逐渐贯通，衔接问题得以重视；研究对象多集中于视觉障碍、听觉障碍和智力障碍三大类学生，尤其以视觉障碍学生为主；残疾人职业教育内涵不断丰富，逐渐打破职业教育即就业教育的观念。此外，研究中知识图谱反映出来的以下问题值得研究者深思和关注。

4.1　残疾人高等职业教育的法制保障亟待完善和强化

法制对于维持和控制社会秩序、捍卫和保护公平正义、保障和维护权利自由具有不可替代的作用,残疾人职业教育的发展同样需要强有力的法制的保障和支持。但是,从知识图谱可以发现,学术界对残疾人职业教育立法研究的关注度不足。国内学者对残疾人职业教育立法的研究虽然已初步形成了体系和规模,但是,残疾人职业教育立法层次偏低,缺乏有机融合和衔接,未能够依据残疾人的特点制定明确和可操作性的规定等缺陷依然较为突出。我国残疾人教育法律的方针是保障义务教育,大力发展职业教育,逐步发展高级中等以上教育。教育发展方针严重倾斜于义务教育和中等职业教育阶段,高等职业教育阶段被边缘化[21]。这些不足已经制约和阻碍了我国残疾人职业教育的发展质量。为此呼吁研究者在分析、探讨目前相关立法不足与缺陷的基础上,借鉴其他发达国家,例如美国、德国、日本等残疾人职业教育立法制度较为完善的国家的经验,并结合我国国情和残疾人的特点,构建出具有中国特色的残疾人职业教育,尤其是高等职业教育的法制体系和相关原则,以规范我国残疾人职业教育,保障质量提升和健康发展。

4.2 凸显智力障碍者职业教育的人职匹配性

残疾人职业教育的对象是残疾人,这是与面向健全人群的普通职业教育最大的区别。但是,残疾人的类型多种多样,从可视化图谱中可以看出,我国目前残疾人职业教育的对象主要集中在视觉障碍、听觉障碍和智力障碍三大类学生,尤其以听觉障碍学生的职业教育研究最多,原因主要有两个方面:首先,听觉障碍学生与健全学生的身心差异较小;其次,我国听觉障碍学生的职业教育研究起步较早,历史较为悠久。以智力障碍学生为对象的研究处在战略坐标的第三象限,虽然有研究机构正在对其进行正规的研究,但是该领域在整个研究网络中处于边缘,未受到广泛重视,处于弱势地位。因此,应加强对智力障碍群体的职业教育研究与实践。在智力障碍者的职业教育中,不应该仅仅关注其职业技能的培训,排斥重度智力残疾群体,而应该坚持职业教育与职业康复相结合,在注重提升残疾者职业技术水平的同时,更多地关注其适应能力的提高。智力障碍者的个体差异性较大,职业教育的人职匹配成为制约智力障碍者职业教育实践的关键瓶颈因素。因此,结合智力障碍学生个体特点以及学情变化,开发适应性课程以及相关专业课程设置,探索以中重度智力障碍学生职业"关键能力"的培养为核心的专业重组和课程调试[22],以人职匹配为落脚点,优化智力障碍学生的课程实施,值得后续研究者给予更多关注。

4.3　加大熟练掌握残疾人特殊教育技能的高等职业教育师资的培养力度

让残疾学生接受优质的高等职业教育,需要不断提升高等职业教育的质量,而教师是提升教育质量的关键所在。图 3 的热点知识图谱中并未出现与"教师"相关的关键词,可见在残疾人高等职业教育研究中,师资力量的研究未成为热点领域,缺少关注度。目前我国残疾人高等职业教育师资力量较为薄弱,具体表现在两方面:一方面,教师数量不足。由于师资有限,无法开展小班化的残疾人高等职业教学;另一方面,教师质量不佳。教师在学历、素养以及相关职业能力上都存在一定欠缺,无法满足残疾学生高等职业教育需求。与普通高等职业教育教师不同之处在于,残疾人高等职业教育需要复合型和专业化的教师队伍,他们不仅应具备普通职业教育教师应具备的基本素质,还应具备特殊教育知识、技能和医疗康复知识等。然而,目前能熟练使用盲文、手语等特殊教育技能的职业教师较少[23]。因此,今后全面提升残疾人职业教育的关键在于加强残疾人高等职业教育师资队伍的建设,创建资格准入和相关职业考评制度,加强职前和职后的培养,增强残疾人职业教育教师专业化水平,激励和引导广大教师更新职业教育理念,创新教学方法,提高师德素养;还要提高残疾人高等职业教育教师对特殊教育技能的熟练掌握程度,提升残疾人高等职业教育质量。

参考文献

[1] 教育部等六部门关于印发《现代职业教育体系建设规划(2012—2020 年)》的通知.职业技术教育,2014,(6):50.

[2] 郭文斌.知识图谱:教育文献内容可视化研究新技术.华东师范大学学报(教育科学版),2016,34(1):45-50.

[3] 郭文斌,陈秋珠.特殊教育研究热点知识图谱.华东师范大学学报(教育科学版),2012,30(3):49-54.

[4] 甘昭良,方向阳.残疾人职业教育的问题与对策.职业教育研究,2009,(7):

16-17.

[5] 刁春好.残疾人高等职业教育课程开发探索.教育与职业,2013,(14):
    130-131.

[6] 周志英,冯金宝.聋校艺术与职业教育校本课程开发案例研究.中国特殊教
    育,2007,(4):62-66.

[7] 梁辉,曲学利.残疾人高等职业教育的人才培养研究.中国职业技术教育,
    2010,(31):65-69.

[8] 许家成.残疾人职业教育的准备式和支持式模式.中国特殊教育,1998,(2):
    34-38.

[9] 薛栋.我国中高等职业教育协调发展现状及思考.职业教育研究,2015,(4):
    17-20.

[10] 李雪晶.项目教学法在职业学校听障学生教学中的应用研究.山东师范大
     学,2015.

[11] 高磊,兰继军,王疆娜.聋校语文校本教材开发的探索.中国特殊教育,
     2010,(8):32-36.

[12] 赵小红,潘镭,姚洁.大龄智障学生职业教育康复的理念与实践.中国特殊
     教育,2006,(2):41-46.

[13] 全桂红,苏晓平,郭天旻.智障学生初级职业教育学校烹饪专业课校本教材
     开发的实践研究.中国特殊教育,2012,(11):25-29,35.

[14] 杜林,李伦,雷江华.美国残疾人支持性就业的发展及对我国的启示.中国
     特殊教育,2013,(9):14-20.

[15] 宋颂.国际残疾人支持性就业比较研究.残疾人研究,2015,(1):66-69.

[16] 周姊毓.台湾残疾人支持性就业服务及启示.现代特殊教育,2016,(14):
     73-76.

[17] 刘战旗,阳庆云,陈兵,刘晓,高翔.智力残疾人支持性就业支持过程及影响
     因素研究——基于长沙市个案调查.残疾人研究,2015,(2):57-62.

[18] 吴军.盲校职业教育阶段实施课程整合的必要性和可行性.中国特殊教育,
     2003,(3):17-20.

[19] 黄英.智障学生职业教育深化研究.中国特殊教育,2010,(10):32-38.

[20] 王得义.有限隔离无限融合——试论我国残疾人高等职业教育模式的建构
     与创新.中国职业技术教育,2011,(15):89-92.

[21] 李玉玲.论残疾人高等教育权的法律制度保障.济南大学学报(社会科学
     版),2013,23(4):53-57,92.

[22] 北京市宣武区培智中心学校课题组,黄英.智障学生职业教育深化研究.中国特殊教育,2010,(10):32-38.

[23] 梅刚,赵康,宛丽.我国残疾人职业教育的现状、存在问题和对策研究.重庆城市管理职业学院学报,2014,14(1):5-8.

Study of Hotspots Distribution and Development Trend of Vocational Education for Persons with Disabilities

GUO Wen-bin, ZHANG Liang

Abstract

In order to provide the hotspots of the vocational education for persons with disabilities, we utilize the software of BICOMB and SPSS to analyze 473 papers which were selected from CNKI. The results showed the researches of the vocational education for disabled persons mainly focus on vocational education, deaf children, disabled persons, special education, special school, curriculum, specialty setting, and higher vocational education. And the field of the research has four major trends, namely the research of the vocational education for disabled persons transforms from the general into the middle; middle vocational education links up higher vocational education gradually; the object of study focuses on three classes of disabled students; the connotation of vocational education is enriching increasingly.

Key words: Vocational education for persons with disabilities　Hotspots distribution　Development trend　Visual analysis

跋

    2010年初秋,笔者有幸踏入梦寐以求的华东师范大学,师从我国著名特教大家方俊明教授,攻读特殊教育专业博士学位。能够就读方先生的博士,又是关门弟子,使笔者倍感喜悦,但是,方先生学识渊博、治学严谨,在学术界声名远播,也使笔者感到前所未有的压力,担忧因自己的懈怠辜负了方先生的厚望。面对浩如烟海的特教文献,笔者作为从心理学专业转行到特殊教育专业的新人,确实感到千头万绪,无从下手。该如何快速梳理出特殊教育方面的有效文献,如何掌握国内外特殊教育研究现状,如何从中选出自己博士论文的题目,笔者为此苦闷、焦虑。有一天,笔者头脑中忽然灵光闪现,忆起了承担硕士研究生"教育研究方法"精品课程建设时,撰写内容分析新进展时查阅到的科学计量方法。随即,笔者详细查阅资料,对该方法进行更深入和细致的了解,并尝试采用该方法对国内特殊教育文献进行梳理。笔者欣喜地发现,科学计量方法不仅可以在短时间内整理出国内外特殊教育研究的热点,而且,它还可以准确地绘制出特殊教育研究的前沿分布领域。笔者借此方法,不仅高效地梳理了文献,而且,还快速确定了博士论文的主题。

    该方法高效、快速地对海量文献进行客观综合的能力给笔者留下了深刻的印象。博士毕业返回温州大学工作后,笔者遂将此方法传授给本校课程与教学论的硕士,结果获得他们极大的好评。笔者近几年也多次到兄弟院校开展知识图谱使用技术推广指导讲座,很多对此方法感兴趣的教师、学生经常会通过邮件同笔者进行更为深入、细致的探讨。在不断地探讨和使用知识图谱方法的过程中,笔者萌生了将此方法使用技术整理出版的想法,希望借助书稿的出版使更多朋友了解并掌握此方法。适逢我校"教育学"重点学科建设资助良机,此念得以落实。

在书稿交付浙江大学出版社打印校对的往返过程中,笔者不仅注意到了印第安纳大学的 Katy Brner 及其团队研发的新款知识图谱分析软件 Sci2 的出现,而且,还关注到 Web of Science 页面和搜索方式也有了显著的改进。但是,限于个人精力有限,笔者最终还是放弃了对书稿相应内容进行较大改动的念头,留下了较大的遗憾。

在书稿多次打印校对过程中,浙江大学出版社的吴伟伟编辑和相关工作人员细致、耐心的工作态度,给笔者留下了深刻的印象,在此再次向她们表示诚挚的感谢!

"路漫漫其修远兮,吾将上下而求索",书稿虽然付梓在即,但笔者对知识图谱使用技术的探讨并不会停止,恳请各位专家和读者阅读本书后,能够开诚布公地指出不足,以便笔者今后对本书内容进行更全面、系统的完善。

郭文斌

2015 年 4 月于温州